"陆地生态系统修复与固碳技术"教材体系

安黎哲 总主编

# GREEN PLANNING AND DESIGN OF URBAN BLOCKS
# 绿色街区规划设计

李 翅 阳建强 臧鑫宇 ◎ 主编

中国林业出版社
China Forestry Publishing House

## 内 容 简 介

绿色街区规划设计关注街区尺度建设与更新的生态性、环保性、气候适宜性与可持续发展特征，本着生态优先、人文关怀、经济合理和文化传承的原则，通过科学合理的规划设计，保护生态环境，提升居民生活质量，实现人与自然的和谐共生。本教材第1章概述相关背景与理论，第2章阐释概念与内容，第3章梳理规划设计方法与策略，第4章介绍信息化与模拟分析技术，第5章介绍低碳循环绿色技术，第6章介绍规划设计实践案例。本教材以系统的知识框架、生动的实践案例集成相关规划设计理念、原则、方法、技术以及发展策略等多方面实用知识，适用于城乡规划、风景园林、建筑学等专业本科生、研究生，以及供相关行业从业人员参考。

本教材得到2021年教育部产学合作协同育人项目："双碳"背景下城市绿色街区规划设计课程体系改革（202102067002）的资助。

### 图书在版编目（CIP）数据

绿色街区规划设计 / 李翅，阳建强，臧鑫宇主编.
北京：中国林业出版社, 2024. 12. --（"陆地生态系统修复与固碳技术"教材体系）. -- ISBN 978-7-5219-2920-1

Ⅰ. TU985.18

中国国家版本馆CIP数据核字第2024RM5798号

策划编辑：康红梅
责任编辑：康红梅
责任校对：苏　梅
封面设计：北京反卷艺术设计有限公司

出版发行　中国林业出版社
　　　　　（100009，北京市西城区刘海胡同7号，电话 010-83223120，83143551）
电子邮箱　jiaocaipublic@163.com
网　　址　https://www.cfph.net
印　　刷　北京中科印刷有限公司
版　　次　2024 年 12 月第 1 版
印　　次　2024 年 12 月第 1 次印刷
开　　本　787mm×1092mm　1/16
印　　张　10.75
字　　数　262 千字
定　　价　61.00 元

数字资源

## 《绿色街区规划设计》编写人员

**主　　编**　李　翅（北京林业大学）
　　　　　　阳建强（东南大学）
　　　　　　臧鑫宇（天津大学）

**副 主 编**　毕　波（北京林业大学）
　　　　　　达　婷（北京林业大学）
　　　　　　邹　涛（北京清华同衡规划设计研究院）
　　　　　　彭　翀（华中科技大学）

**参编人员**　董建权（北京林业大学）
　　　　　　冯一凡（河北工业大学）
　　　　　　华晓宁（南京大学）
　　　　　　冯君明（河北农业大学）
　　　　　　赵凯茜（山西大学）
　　　　　　高梦瑶（上海市乡村振兴研究中心）
　　　　　　罗　吉（华中科技大学）
　　　　　　李沛颖（沈阳建筑大学）
　　　　　　程洁心（北京清华同衡规划设计研究院）
　　　　　　贺　凯（北京市城市规划设计研究院）

**主　　审**　尹　稚（清华大学）
　　　　　　陈　天（天津大学）
　　　　　　石铁矛（沈阳建筑大学）

# 序 1

在全球气候变化和资源日益紧张的背景下，城市规划与建设领域正经历着前所未有的变革与挑战。《绿色街区规划设计》一书的出版，不仅是对传统街区规划理念的一次深刻反思，更是对未来可持续城市发展路径的积极探索。

自工业革命以来，城市化进程带来了经济增长和社会进步，但也引发了环境污染、生态破坏和资源枯竭等问题。近年来，全球气候变化的威胁加剧，迫使我们重新审视城市发展模式。绿色街区规划设计强调在街区尺度上实现资源集约高效利用、生态环境保护与修复、居民生活质量提升以及经济社会文化协调发展，符合全球可持续发展趋势。

与此同时，城市更新已经成为当前城市发展的重要议题。城市更新需要重建开放议事体系，而非简单重编传统规划，它是项目策划和综合目标的达成，需嵌入更新议题，改变解决问题的方式和流程。社会资本参与城市更新的核心是金融工具创新，供地方式、产权和地籍的理顺影响社会资本进入，微利型、半公共品提供型更新项目的路径需创新，多团队、多学科、多领域协作是关键。中国城市化进程已进入减量提质、追求高质量发展阶段，需注重存量土地使用效益提升，解决老旧小区、商圈、厂区等问题，做好历史文化传承，满足新时代要求。城镇化步入下半场，增速趋缓，应关注不同地区特点，实施相应行动，如潜力地区城镇化水平提升行动和现代化都市圈培育行动，同时补齐城市短板，加强基础设施建设和城市安全韧性提升行动。

街区是城市的基本组成单元，绿色街区规划设计则具更有多维度价值。在生态环保方面，通过科学规划布局，减少对自然环境的破坏，促进生态系统平衡稳定，体现了对自然和未来的责任。在经济效益方面，提高资源利用效率，降低能源消耗和运营成本，实现经济与环境效益的双赢，符合国家绿色低碳转型趋势。在社会文化方面，注重人文关怀和文化传承，打造宜居宜业环境，提升居民幸福感和归属感，有助于构建和谐共生的社会关系，推动社会文化繁荣发展。

本教材系统阐述了绿色街区规划设计的理论、方法和实践案例，具有诸多显著特点。内容全面深入，涵盖相关理论基础、概念界定、规划设计方法与策略、信息化与模拟分析技术、低碳循环绿色技术等方面，并结合大量实际案例进行分析，有助于读者理解和应用。具有跨学科视野，融合多个学科的理论和方法，为绿色街区规划设计提供综合解决方案，推动城市可持续发展。紧密结合时代需求，在全球气候变化和可持续发展背景下，提出的理念和方法具有重要现实意义，能为解决城市发展中的问题提供有效途径。实践指导意义强，通过对不同尺度和条件下案例的分析，为规划设计工作提供宝贵经验和借鉴，有助于提高规划设计质量和水平。

随着全球气候变化和资源环境问题的日益严峻，绿色街区规划设计将成为未来城市发展的重要方向。《绿色街区规划设计》的出版将对推动我国绿色街区规划设计的理论与实践发展产生积极而深远的影响。同时，我也期待更多的学者、设计师和城市建设者能够投身这一领域中，共同探索和实践绿色街区规划设计的无限可能。

清华大学建筑学院教授
清华大学中国新型城镇化研究院执行副院长
清华大学城市治理与可持续发展研究院院长
清华同衡规划设计研究院创始人、资深顾问专家
2024年8月

# 序 2

  自20世纪六七十年代，全社会关注城市生态环境保护并提出生态城市概念至今，有关生态城市的研究从未停止，且越发重要。全球城市在快速城市化进程中的气候、资源、环境、土地等生态问题也越发严峻，尤其在中国，人口与环境之间的矛盾十分尖锐。新型城镇化以来，我国城市规划设计的重点逐渐从空间向人性化的需求转变，探索绿色生态文明框架下的人民城市。随着中国生态城市的发展建设，绿色街区概念应时而生，成为生态城市建设的重要组成部分，也是实现城市可持续发展的关键一环。存量更新时代再次印证了小规模、渐进式、精细化的街区设计应成为当前和未来城乡规划设计的核心内容。相较于大规模的城市新区建设，中观尺度的绿色街区设计更能契合生态城市的理念和内涵。其研究意义不仅在于规模的可控性和建设的可持续，更在于人类对待地球生态系统的温和态度。

  在存量更新和"双碳"战略目标的背景下，绿色街区设计迎来了前所未有的发展机遇。通过新建理想街区和改造升级现有街区，不仅能够提高土地利用效率，还能有效减少建筑能耗和碳排放，推动城市向低碳、绿色、循环的方向发展。此外，街区持续的设计往往更加注重与周边环境的协调与融合，有助于构建更加完整的生态系统网络，提升城市的整体生态环境质量。本教材以绿色街区为主题，探讨中观街区尺度的规划设计方法，不仅具有重要的理论价值，也为实践提供了宝贵的指导。它有助于从学科角度呼吁相关从业者树立正确的价值观，推动城市规划与设计领域的研究向更加深入、细致的方向发展，同时也为相关从业者提供了可借鉴的经验和案例。通过本教材的出版和传播，可以进一步普及绿色生态理念，增强全社会的环保意识，加强生态文明建设，推进绿色低碳发展。

天津大学建筑学院城市规划系教授
教育部高等学校城乡规划专业教学指导分委员会副主任委员
教育部高等学校建筑类教学指导委员会委员
中国城市规划学会第六届理事会常务理事
2024年8月

# 序 3

　　21世纪以来，全球气候变化对人类社会构成巨大威胁，绿色发展理念在城市建设中的作用进一步突显，国家的工作重心转向经济、社会、生态共同发展。与此同时，随着社会经济的快速发展和人们生活质量的提高，我国面临着城市发展转型的压力。党的十八届五中全会中首次提出"绿色、创新、协调、开放、共享"五大发展理念作为指导我国可持续发展的科学理念。在此背景下，城市绿色发展理念应运而生，其概念、内涵及目标不断完善，并迅速成为城市规划发展的重要方向。绿色生态理念可以推动设计师采用可持续和环保的材料和方法，减少对环境的负面影响，促进资源的有效利用，提升设计的社会责任感，同时满足消费者对健康和生态友好产品的需求，从而实现经济、社会和环境的和谐发展。同时，通过绿色设计方法，设计师能够不断提升专业素养和职业道德水平，推动设计行业的可持续发展。绿色街区作为实现可持续城市发展的重要载体和实践模式，其基本概念与规划设计内容的研究日益受到学术界及业界的广泛关注。国际绿色街区的研究进展迅速，主要集中在通过低碳技术、可再生能源和生态材料的应用，提升城市生活质量和环境可持续性。同时，研究强调社区参与和多学科合作，以实现绿色街区的整体规划和设计。这些研究为全球城市在应对气候变化和实现可持续发展目标提供了重要参考和实践经验。

　　近年来，中国的绿色街区研究取得了显著进展。在政策推动下，绿色建筑和生态城区的标准和指南不断出台。技术创新方面，可再生能源、节能建筑和智能化管理系统得到了广泛应用。生态设计理念在绿化覆盖、雨水处理和节能建筑中得到了实践。同时，社区参与也促进了绿色街区的可持续发展。学术界对绿色街区的理论和实证研究也日益深入，为城市可持续发展提供了有力支持。全国各地成功的绿色街区案例，如北京市海淀区学院路街道绿色慢行改造和湖北省武汉市杨春湖生态会展商务区核心片区规划设计，为绿色街区的实践提供了宝贵经验。然而，目前大多数城市街区建设与改造中缺少绿色理念的应用，忽视了未来可持续化和绿色化发展的需求。如何在新时期战略背景下推动绿色街区的建设，探索绿色街区的规划设计方法成为重要的研究课题。绿色街区规划设计结合了城市生态学、城市形态学、低碳文化等多学科理论，是一个跨学科、多维度的综合性研究领域。首先，城市绿色街区的生态格局的构建不同于其他系统，需要系统评估各类要素的基本特征及其与城市设计系统之间的相互作用。其次，绿色街区的空间尺度不同于其他系统，不同的空间尺度主要考察的空间环境要素不同，且不同的环境要素对绿色街区的作用机制不同。再次，信息技术与大数据的发展，赋予了规划设计新的技术手段，使得在街区全生命周期内实现街区的绿色发展成为可能。最后，绿色街区与绿色建筑的发展同样重要，也需要一套技术体系与管理政策的支持，推动绿色街区的可持续发展。

本教材通过分析绿色街区的相关背景与理论，阐释了绿色街区的概念与内涵，梳理了绿色街区的规划设计方法，并介绍了信息化和绿色化分析技术，通过实际案例系统化绿色街区设计的知识框架。本教材共6章，包括绪论、绿色街区基本概念与内容、绿色街区规划设计方法与策略、信息化与模拟分析技术、低碳循环绿色技术、绿色街区规划设计实践等内容。相对于已有的城市街区规划设计理论和方法的图书，本教材在归纳已有主要理论和技术方法的同时，注重理论联系实践。一方面集成了大量国内外优秀案例和技术应用，来阐释绿色街区规划设计要点；另一方面也展示优秀的教学案例，来强调理论与教学实践的联系。在给读者传递丰富直观感受的基础上，帮助读者建立系统的知识体系并引发积极的思考。本教材为绿色街区的规划设计提供了可操作的设计策略，并激发规划设计者在工作实践中的绿色思维，为中国的城市建设提供具有应用价值的规划方法。

沈阳建筑大学教授
中国科学院沈阳应用生态研究所双聘研究员
教育部高等学校建筑类专业教学指导委员会委员
城乡规划专业教学指导分委员会副主任委员
全国高等院校城市规划专业评估委员会委员
中国城市规划学会常务理事
2024年8月

# 前 言

"双碳"战略目标下，多尺度、多维度、跨学科的绿色街区规划设计与实践是人居环境可持续发展的必然要求。绿色街区作为从几公顷到几平方千米的城市综合建设单元，与十五分钟生活圈的人性化活动尺度相对应，涵盖能源、建筑、交通、市政、碳汇多个系统，是衔接绿色城市与绿色建筑的关键层级，向上承接总体规划，向下传导街坊与建筑设计，是多种绿色建造技术应用的突破对象，也是促进绿色生活与文化的重要场域。

本教材汇集提炼绿色街区的概念、特征与规划设计原则，提出面向我国城市建设特征的绿色街区规划设计方向，从生态、空间、技术、文化4个维度构建绿色街区规划设计的理论与方法架构，通过大量的支撑技术应用与实践案例汇总，提出绿色街区规划设计理念应用与实践的途径，从而促进城乡规划设计与建筑类专业人才培养更好地适应时代需求。

绿色街区是低碳城市理论与实践的现实选择，要求城市建设规模的可控性和可持续性，更要求重新审视行业发展和城市建设趋势，从粗放的规划设计策略转向实效性和创新性，中观尺度的绿色街区设计因此契合低碳城市的理念和内涵。相对于已有关于城市街区规划设计理论和方法的图书，本教材理论联系实际，图文并重，除了对理论方法进行系统梳理外，通过国内外大量的优秀案例与技术应用集成，来阐释绿色街区规划设计要点，帮助读者建立系统的知识体系与直观的感受和思考。其初衷不仅在于为规划设计者提供一种街区尺度的低碳规划设计思路，更希望唤起读者的共鸣，激发工作实践中的绿色思维，为中国的城市建设提供具有应用价值的规划方法和策略。

本教材由李翅、阳建强、臧鑫宇任主编，编写分工如下：毕波、彭翀、李沛颖、贺凯负责本教材理论与概念相关章节的编写，董建权、冯一凡、冯君明、赵凯茜、高梦瑶负责本教材方法与技术相关章节的编写；达婷、邹涛、华晓宁、罗吉、程洁心负责本书实践与应用相关章节的编写。王思敏、苟镔倬、王子宁、林之曦、屈沛琦、李礼倪、闫兴宝参与本教材资料查阅与校对工作，在此一并表示感谢！

北京林业大学园林学院城乡规划系主任，教授
教育部高等学校城乡规划专业教学指导分委员会委员
中国城市规划学会理事
中国城市规划学会风景环境规划设计专业委员会副主任委员
2024年6月

# 目 录

序 1
序 2
序 3
前 言

## 第1章　绪　论 / 1

1.1 绿色街区规划设计背景与趋势 …………………………………………… 1
　　1.1.1 绿色转型发展趋势与挑战 ………………………………………… 1
　　1.1.2 绿色化是城市发展的前置条件 …………………………………… 3
　　1.1.3 绿色营建激发街区更新活力 ……………………………………… 4
1.2 绿色街区规划设计研究现状与动态 ……………………………………… 4
　　1.2.1 绿色街区起源与发展 ……………………………………………… 4
　　1.2.2 绿色街区空间特性研究 …………………………………………… 6
　　1.2.3 基于气候适应性的街区规划设计方法 …………………………… 6
　　1.2.4 绿色街区改造技术及评价标准 …………………………………… 7
1.3 绿色街区规划设计内容框架 ……………………………………………… 8
　　1.3.1 建立绿色街区规划策略体系 ……………………………………… 8
　　1.3.2 构建绿色街区规划方法技术体系 ………………………………… 9
　　1.3.3 提供低碳城市发展的实效性策略 ………………………………… 9
1.4 本教材主要内容与学习方法 ……………………………………………… 10
小　结 ………………………………………………………………………… 11
思考题 ………………………………………………………………………… 12
拓展阅读 ……………………………………………………………………… 12

# 第 2 章 绿色街区基本概念与内容 / 13

- 2.1 绿色街区规划设计研究理论基础 ································································· 13
  - 2.1.1 城市生态学 ·················································································· 14
  - 2.1.2 城市形态学 ·················································································· 16
  - 2.1.3 低碳城市 ······················································································ 17
  - 2.1.4 绿色文化 ······················································································ 19
- 2.2 绿色城市、建筑与街区相关概念 ····································································· 20
  - 2.2.1 绿色城市相关概念 ········································································ 20
  - 2.2.2 绿色建筑相关概念 ········································································ 21
  - 2.2.3 绿色街区相关概念 ········································································ 22
  - 2.2.4 绿色街区规划设计基本概念、内涵与特征 ···································· 23
- 2.3 绿色街区规划设计内涵与原则 ····································································· 25
  - 2.3.1 绿色街区规划设计内涵 ·································································· 25
  - 2.3.2 绿色街区规划设计原则 ·································································· 26
- 2.4 绿色街区规划设计研究内容 ········································································· 27
  - 2.4.1 绿色街区规划设计主要内容 ·························································· 27
  - 2.4.2 绿色街区规划设计策略 ·································································· 28
  - 2.4.3 绿色街区规划设计分析与评价 ······················································ 28
  - 2.4.4 绿色街区规划设计方法与技术体系 ·············································· 29
- 小 结 ································································································································ 30
- 思考题 ································································································································ 30
- 拓展阅读 ···························································································································· 31

# 第 3 章 绿色街区规划设计方法与策略 / 32

- 3.1 绿色街区规划设计生态策略 ········································································· 32
  - 3.1.1 气候调节策略 ················································································ 32
  - 3.1.2 能源优化策略 ················································································ 33
  - 3.1.3 绿地改善策略 ················································································ 34
- 3.2 绿色街区规划设计空间策略 ········································································· 34
  - 3.2.1 土地优化策略 ················································································ 34
  - 3.2.2 道路提升策略 ················································································ 35
  - 3.2.3 空间设计策略 ················································································ 35
- 3.3 绿色街区规划设计文化策略 ········································································· 36
  - 3.3.1 以人为本策略 ················································································ 36

3.3.2　可持续发展策略 ························································· 37
　3.4　绿色街区规划设计产业策略 ····················································· 38
　　　3.4.1　产业体系现代化策略 ····················································· 38
　　　3.4.2　产业质量提升策略 ······················································· 38
　3.5　不同尺度与条件下绿色街区规划设计案例 ······································· 39
　　　3.5.1　区域城市绿色街区规划设计 ··············································· 39
　　　3.5.2　新城绿色街区规划设计 ··················································· 40
　　　3.5.3　商业街区规划设计 ······················································· 43
　　　3.5.4　高教街区规划设计 ······················································· 44
　　　3.5.5　居住区规划与设计 ······················································· 45
　　　3.5.6　综合性街区规划设计 ····················································· 47
小　结 ····································································· 49
思考题 ····································································· 49
拓展阅读 ··································································· 49

# 第4章　信息化与模拟分析技术　/　50

　4.1　空间形态分析技术 ······························································· 50
　　　4.1.1　以空间句法技术为载体对空间构型进行分析 ································· 50
　　　4.1.2　基于空间数据的空间要素分析 ············································· 54
　4.2　环境模拟分析技术 ······························································· 58
　　　4.2.1　风环境模拟技术 ························································· 58
　　　4.2.2　光环境模拟技术 ························································· 61
　　　4.2.3　声环境模拟技术 ························································· 63
　　　4.2.4　热环境模拟技术 ························································· 64
　4.3　地理信息系统技术 ······························································· 65
　　　4.3.1　多维地理信息系统技术 ··················································· 65
　　　4.3.2　集成建筑信息模型的地理信息技术 ········································· 66
　　　4.3.3　综合遥感和全球定位系统的空间信息技术 ··································· 68
小　结 ····································································· 69
思考题 ····································································· 69
拓展阅读 ··································································· 69

# 第5章　低碳循环绿色技术　/　70

　5.1　低碳节能技术 ··································································· 70

5.1.1　可再生能源技术 ················································································· 70
　　5.1.2　光储直柔技术 ····················································································· 73
　　5.1.3　街区慢行系统设计 ············································································ 74
　　5.1.4　韧性基础设施设计 ············································································ 77
5.2　绿色建筑技术 ································································································· 78
　　5.2.1　保温隔热技术 ····················································································· 78
　　5.2.2　零碳建筑 ····························································································· 80
　　5.2.3　绿色建筑评价体系 ············································································ 82
5.3　环境友好技术 ································································································· 84
　　5.3.1　通风廊道 ····························································································· 84
　　5.3.2　屋顶绿化 ····························································································· 85
　　5.3.3　鱼菜共生 ····························································································· 87
　　5.3.4　垃圾可回收循环 ················································································ 87
　　5.3.5　其他 ····································································································· 88
小　　结 ························································································································ 90
思考题 ···························································································································· 90
拓展阅读 ························································································································ 90

# 第6章　绿色街区规划设计实践　/　91

6.1　高校街区绿色更新改造：北京市海淀区学院路街道绿色慢行系统规划
　　与设计 ············································································································· 91
　　6.1.1　规划设计背景 ····················································································· 91
　　6.1.2　实施过程 ····························································································· 92
　　6.1.3　借鉴意义 ····························································································· 96
6.2　大型既有街区绿色更新设计：北京市昌平区回龙观街道绿色街区
　　更新改造 ········································································································· 97
　　6.2.1　规划设计背景 ····················································································· 97
　　6.2.2　实施过程 ····························································································· 99
　　6.2.3　借鉴意义 ··························································································· 103
6.3　既有社区绿色更新设计：共建共享，美好社区——北京市海淀区
　　清河街道绿色更新实践 ·············································································· 103
　　6.3.1　规划设计背景 ··················································································· 103
　　6.3.2　规划设计策略 ··················································································· 104
　　6.3.3　借鉴意义 ··························································································· 111
6.4　绿色街区小气候优化更新设计：自然通风导向的计算化城市更新设计
　　——江苏省南京市鼓楼区广州路街道更新 ············································· 111

6.4.1　设计背景 ············································································· 111
　　　6.4.2　设计策略 ············································································· 111
　　　6.4.3　借鉴意义 ············································································· 116
6.5　历史街区更新改造：雍和故音，旧城新貌——基于声景观的北京市
　　　东城区雍和宫藏经馆片区更新设计 ··················································· 119
　　　6.5.1　设计背景 ············································································· 119
　　　6.5.2　设计策略 ············································································· 120
　　　6.5.3　借鉴意义 ············································································· 123
6.6　旧城居住片区绿色更新设计：叠青——健康社区理念下的北京市
　　　西城区宣南绿色社区更新 ································································· 124
　　　6.6.1　设计背景 ············································································· 124
　　　6.6.2　设计策略 ············································································· 125
　　　6.6.3　借鉴意义 ············································································· 125
6.7　旧城复合社区绿色更新设计：京韵长存，暮心长青——北京市
　　　西城区宣南医商养结合的复合型养老社区设计 ···································· 127
　　　6.7.1　设计背景 ············································································· 127
　　　6.7.2　设计策略 ············································································· 128
　　　6.7.3　借鉴意义 ············································································· 130
6.8　生态新城国土空间规划设计：创智"绘"展，水绿"漾"城
　　　——湖北省武汉市杨春湖生态会展商务区核心片区规划设计 ·············· 130
　　　6.8.1　规划设计背景 ······································································ 130
　　　6.8.2　规划设计策略 ······································································ 132
　　　6.8.3　借鉴意义 ············································································· 136
6.9　工业遗产绿色更新设计："锈"色绿舟——文化生态双修视角下
　　　湖北省武汉市汉阳铁厂适应性更新设计 ············································· 137
　　　6.9.1　设计背景 ············································································· 137
　　　6.9.2　设计策略 ············································································· 141
　　　6.9.3　借鉴意义 ············································································· 145
小　结 ·············································································································· 146
思考题 ·············································································································· 146
拓展阅读 ·········································································································· 146

**参考文献** ······································································································· **147**

**思考题参考答案** ···························································································· **151**

# 第1章 绪论

城市建设与更新领域是碳排放主要来源和节能减排主战场。如何通过绿色街区规划设计实现"双碳"战略目标是一个重要议题。作为开篇,本章以绿色街区规划设计的背景与趋势为主题,对绿色街区理念的提出、发展与演变进行梳理,并对绿色街区空间特性的相关研究、设计方法、改造技术及评价标准进行介绍,从而在设计策略体系、方法技术体系和低碳城市发展实效性策略方面阐述绿色街区规划设计的内容框架。以期读者在正式进入内容学习之前,充分了解绿色街区的产生背景和研究动向,认识绿色街区规划设计的重要性。

## 1.1 绿色街区规划设计背景与趋势

### 1.1.1 绿色转型发展趋势与挑战

21世纪以来,过去全球城镇化过程中,大规模的基础设施建设和城市扩张对生态环境造成的破坏性后果越发严重(图1-1)。随着全球气候变化对人类社会的威胁加剧,以低碳排放为特征的绿色新发展路径已成为世界经济发展的重要方向(图1-2)。越来越多的国家将碳中和上升为国家战略,并倡导构建"零碳未来"。2020年9月,我国提出2030年前实现碳达峰、2060年前实现碳中和的"双碳"战略目标。为落实碳达峰、碳中和目标,我国将应对气候变化作为国家战略,纳入生态文明建设整体布局和经济社会发展全局。党的十八大以来,习近平总书记强调要坚定不移走生态优先、绿色低碳发展之路,倡导简约适度、绿色低碳的生活方式。近年来,在习近平生态文明思想指引下,各地积极践行生态优先理念,坚持绿色高质量发展。推动生态文明建设进入以降碳为重点战略方向、通过减污降碳协同增效实现生态环境改善由量变到质变的关键阶段。

然而,我国当前仍处于城镇化、工业化深化发展阶段,生态环境保护压力尚未得到根本缓解,全面实现绿色发展转型的基础较为薄弱。"双碳"战略目标的提出将我国

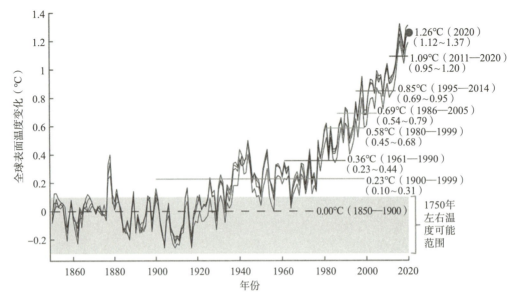

图 1-1　全球平均地表温度变化（改绘自联合国政府间气候变化专门委员会，2023）

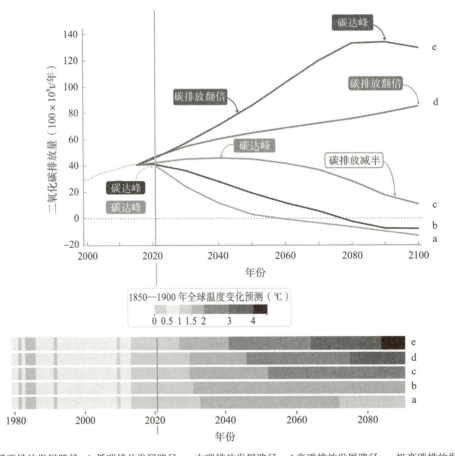

a.极低碳排放发展路径　b.低碳排放发展路径　c.中碳排放发展路径　d.高碳排放发展路径　e.极高碳排放发展路径

图 1-2　不同碳排放路径下全球温度变化预测（改绘自联合国政府间气候变化专门委员会，2023）

的绿色发展要求提升到了新高度，同时也给区域可持续发展、产业结构调整、减碳技术创新带来巨大挑战。由于城市占整体碳排量60%以上，是实现碳达峰、碳中和目标的重要载体，推动城市绿色发展与实现"双碳"战略目标具有内在的一致性。城乡规划领域，应当践行"绿色、创新、协调、开放、共享"的新发展理念，努力从绿色发展转型中寻求新的发展机遇和动力。

## 1.1.2 绿色化是城市发展的前置条件

当前我国的城镇化率已经超过60%，标志着城市建设进入一个新的阶段。随着城市绿色发展转型时代的到来，城市建设的方向发生深刻的变化，从过去粗放型外延式向集约型内涵式转变、从增量扩张向存量提质改造转变。绿色发展理念在城市建设中的作用进一步突显。绿色文明不仅关乎生态环境的改善，更涉及经济、社会、民生等多方面的协同发展。绿色化是促进城市建设补齐短板、推动更新改造、实现高质量发展的重要前置条件。

在此背景下，城市绿色发展理念、内涵以及目标不断清晰并深化完善，已成为指导城市长远规划、更新建设的重要方针。为切实提升城市应对气候变化的能力，绝大多数城市已将发展目标定位于绿色低碳层面（图1-3），将建筑、交通、电力、工业、生物资源等领域作为减碳降碳的载体，发展健全的产业、建设有吸引力的社会环境和服务，增强城市的自我迭代和修复能力，积极推行低碳生产、生活模式，促进城市低碳化发展。紧扣城市和街区，探索不同生活场景中碳中和解决方案，重塑多个系统的绿色节能化发展是一项重要课题。

图1-3　零碳城市（改绘自落基山研究所，2018）

## 1.1.3 绿色营建激发街区更新活力

进入城镇化后期，街区层级的规划设计研究、适宜的规模尺度和技术探讨应当受到重视。过去大拆大建式的城市更新改造，导致了许多不容忽视的问题，如道路规划不合理导致交通秩序结构混乱，大规模拆除新建导致的城市传统格局和特色风貌丧失，城市绿地及透水地面面积减少造成积水内涝，城市能耗过高导致能源危机、环境破坏等。街区作为城市空间的基本组成单元，是绿色城市建设和更新的关键一环，迫切需要借助绿色发展理念，进行绿色化营建与更新改造，激发街区活力。

绿色街区理念向上承接绿色城市节能降碳措施、向下覆盖低碳建筑布局与建造，聚焦于空间环境、形态布局、道路交通、市政基础设施、建筑建造、能源利用多个方面，全面打通规划、建设、管理、运营各个环节，促使街区真正符合绿色城市建设发展的需求。具体应结合城市街区的性质及实际情况，建立科学合理的街区绿色改造规划框架，在此基础上实施街区道路交通体系、能源系统、环境绿化、绿色基础设施、集约化用地等绿色改造规划设计策略，使得绿色街区理念真正落地（图1-4）。

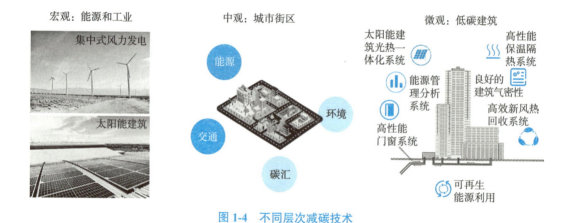

图 1-4　不同层次减碳技术

## 1.2 绿色街区规划设计研究现状与动态

### 1.2.1 绿色街区起源与发展

从麦克哈格（McHarg）的《设计结合自然》（2006）到威廉·M. 马什（William）的《景观规划的环境学途径》（2006），学者们的研究建立了一个"设计结合自然、设计如何结合自然"的系统框架，为绿色街区的研究奠定了坚实基础。英国学者芒福汀（Moughtin）在其著作《街道与广场》和《绿色尺度》中，把街区形态与绿色生态思维进行关联（2004）；英国学者卡莫纳（Carmona）在《城市设计的维度：公共场所—城市空间》中提出，实现生态环境与城市建设的和谐发展，需要重视形态、视觉、社会、认知、功能和时间六个维度的要求（2005）。我国学者在吸收借鉴国际绿色生态思想的基础上，结合我国的绿色城市、生态城市研究成果，形成了本土的生态城市研究体系，绿色街区的概念正是以既有的理念和方法为基础，综合生态、规划、建筑、环境、地理等学科，以信息、节能、环保等技术条件为支撑而提出的，其核心目标是通过对城市中观尺度街区的持续研究和具体的设计实践，实现街区的绿色化、低碳化发展（臧鑫宇，2004，2005）。

绿色城市、绿色街区和绿色建筑是宏观、中观和微观不同层级尺度上的人居生态研究的理论总结和实践应用。绿色街区规划设计，一方面，承接了绿色城市和生态城市的理论基础，并将其运用于中观街区尺度；另一方面，集中关注建筑外部环境，旨在创造更加绿色舒适的城市室外空间。

最早的生态城市思想起源于20世纪初霍华德的田园城市理论。同时，有机疏散理论、城市人文生态学等规划思想都蕴含其中。《设计结合自然》一书的诞生标志着生态城市概念的初步确立，强调城市是自然、经济、社会的复合生态系统。以生态学为基本原理，生态城市以实现自然、社会、经济、文化等多方面的协调发展为基本目标，其不仅是一个环境优美的居住地，更是一个追求人与自然和谐共生、资源高效利用、环境清洁优美的理想城市形态。20世纪70年代，作为第三代城市设计的绿色城市设计开始广泛应用，旨在把握生态环境的规律，建造一个可持续发展的理想城市环境。绿色城市设计中包含了生态城市的理念，以生态学为基础，同时集成低碳的基本准则和相关技术。2005年，美国在《城市环境协定——绿色城市宣言》中首次提出了绿色城市的概念并对其进行了系统性的介绍。绿色城市涵盖绿色建筑、绿色交通、绿色产业、绿色能源、绿色经济等多方面的内容，以期实现生态、经济、社会的和谐发展。

绿色建筑则产生于工业化引发资源环境问题的背景下。20世纪60年代，建筑师保罗·索勒瑞把建筑学（architecture）和生态学（ecology）两词合并为arology，提出了"生态建筑"理念。布兰达·威尔和罗伯特·威尔所著的《绿色建筑：为可持续发展而设计》问世，提出了绿色建筑设计应当综合考虑能源、气候、材料、住户、区域环境，在全生命周期内应当最大限度地实现人与自然和谐共生。20世纪80年代，随着节能建筑体系逐渐完善，以健康为中心的建筑环境研究成为发达国家建筑研究的新热点，并得到广泛的应用。

目前生态城市在城市层面已经取得了较为系统的理论和实践进展，绿色建筑在微观层面上的节能减碳技术也较为成熟。绿色街区相关理论与内涵逐渐丰富，相关实效性研究逐渐向街区层级转化正是这一趋势的必然产物。绿色街区规划设计是生态城市建设与更新的核心组成部分，通过对不同生态环境要素和空间环境要素下的城市街区进行关联性及影响机理研究，结合优秀的传统城市规划设计方法，形成具有可持续性的街区尺度城市规划设计策略，以街区的局部生态化带动城市的整体生态化，进而实现城市绿色、低碳、生态、节能发展的整体目标（臧鑫宇 等，2017）。关于城市街区绿色改造，国外实践经验较为丰富，根据街区用地是否混合，可分为单一型街区绿色改造和综合型街区绿色改造两类。例如，德国Weinmeisterhornweg住宅群绿色改造、Adlershof办公区绿色改造为单一型街区绿色改造，TAMA新城绿色改造、Alarcon街区绿色改造、Hedebygade街区绿色化改造为综合型街区绿色改造。前者侧重绿色改造技术的使用，后者强调绿色改造技术和策略的适宜性和可操作性。英国伦敦在成为国家公园城市之后，也推出了景观建筑的"绿色街区"，旨在构建绿色、无车的街区愿景。绿色街区规划设计多从完善道路交通体系、降低能源消耗、混合土地布局、优化绿地系统等多个方面入手，增强街区的整体性、生态性、经济性，促进城市的低碳化发展。

### 1.2.2　绿色街区空间特性研究

由于街区的区位、功能、环境等方面存在差别，不同空间特性的街区需要针对性的规划设计。新城、旧城街区的规划和建设时序存在差别，新城街区是在规划的指导下进行建设，而旧城的建设则早于规划。当相同主导功能的街区处于新、旧城区时，在规模尺度、街区形态、景观风貌、建筑形态等方面各具特色。因此，很多学者从街区空间特性出发，通过量化手段提出宜居的街区可持续发展策略。例如，结合中国城市发展现状，提出小地块密路网街区模式在规划设计中应用的重要性（王轩轩 等，2006）；以城市街区尺度为研究对象，阐述了街区的内涵、类型与特征，分析了街区尺度的影响因素，并建构塑造合理街区尺度的方法与策略（刘代云，2007）；结合城市街道实例分析，提出街道的密度表征、比尺度表征更为有效，认为小尺度街廓是形成优秀街道空间的必要条件（周钰 等，2012）。

绿色街区空间特征研究内容如下：第一，绿色街区的空间研究以街区尺度为切入点。传统的街区尺度研究往往把重点放在街区二维层面上，在一定程度上忽视了街区三维层面的研究及其生态学含义。绿色街区尺度的研究涵盖二维层面的用地布局、路网结构等，也包括气候、土地、植被、水体等生态环境对街区尺度规模、空间容量、布局形态的影响等。第二，绿色街区的空间环境要素一般包括用地布局、路网结构、街道尺度、开放空间、建筑形态、街区活力等内容。同时，各空间环境要素之间也呈现出复杂的相互影响和制约关系，需要考虑街区具象和抽象要素的结合，即街区空间形态与街区生态、文化的结合。这是构成绿色街区规划设计体系的空间载体，能够形成较为完善的绿色街区空间研究内容（臧鑫宇 等，2018）。

### 1.2.3　基于气候适应性的街区规划设计方法

气候条件对人类生存环境有着最直接的影响，气候变化会对城市基础设施、能源供应、生态系统和经济系统产生广泛的影响，是城市建设初始就要考虑的重要条件。由于气候条件的复杂性，不同地域之间的气候差异较大，热环境、风环境、声环境、降水以及空气等会对城市的土地利用、空间形态、公共空间、交通体系和防灾减灾系统等方面形成决定性影响。因此，以绿色街区为载体，进行气候条件下的规划设计研究十分必要。

在绿色街区规划设计方面，有很多基于气候适应性的街区规划设计方法研究。例如，以夏热冬冷地区为例，提出了基于城市微气候的街区层面气候适应性设计策略（黄媛，2010）；分析不同尺度地表空间下城市热岛产生的空间机理，提出了城市热岛效应的缓解对策；并对街区室外热环境进行了三维数值模拟，提出街区热环境的规划设计策略（金建伟，2010）；针对我国街区建设的现状，对绿色尺度下的街区规划原则和策略进行了探索（肖彦，2010）。随着生态城市、绿色建筑的相关理论发展，基于气候适应性的实践也在不断探索。广州海珠生态城基于实际气候条件，调整街区布局及空间形态，控制街区建筑的高度与密度，以有效提高街区综合环境舒适度。新加坡国立大学零能耗教学楼也是基于建筑的气候适应性与舒适性进行被动式设计，大幅降低了能源需求与使用。

在绿色街区规划设计中，要充分考虑小气候和微气候的差异，应用环境模拟软件对街区气候进行测评，形成多种差异化的方案并对实施过程进行模拟测评。根据模拟结果对街区空间要素进行调整优化，以减轻热岛效应、改善通风条件、降低污染状况，最终增强主动适应气候变化的能力，尽可能降低街区能耗，实现低碳绿色化营建。在建成后实施检测，建立数据库，为后续的规划设计提供有效的反馈。

## 1.2.4　绿色街区改造技术及评价标准

绿色街区规划设计不仅需要相关理论支撑，更需要系统性改造技术和评价标准的指导和约束。由于传统规划综合考虑地方气候特征形成的经验总结倾向于低技术的节能方式，当前更需要考虑结合信息技术、现代节能技术等，以实现街区层面的绿色化改造。

国外对城市街区绿色改造的理论研究开始较早，对降低街区能耗及碳排放的技术研究主要集中在建筑层面，包括净零碳建筑、被动式设计。而街区层面的绿色改造技术主要集中在减碳技术，如能源供应方面，有分布式供能技术、建筑光伏技术、建筑光热技术和热泵技术；建筑运行方面，有近零能耗建筑技术；交通方面，有交通电气化技术和智能共享出行技术；资源循环方面，有固废循环减碳技术、废水处理减碳技术；碳汇增强方面，有乔灌木配置技术和立体绿化技术。

国外绿色改造评价标准的研究重点，已从单体建筑节能的评估拓展到城市街区用地集约利用、各类资源循环利用、生态环境保护和绿色交通等多项要素的综合性评估（杨翼，2021）。19世纪90年代，英国政府制定了世界上第一个"百科全书式"的绿色建筑可持续发展评估体系——建筑绿色评估标准（BREEAM），可以评估新建、既有、翻新的基础设施和城市区域项目。现在，世界范围内具有较大影响力且广泛认可的绿色建筑评价体系主要有对建筑全生命周期的评价标准（leadership in energy and environmental design，LEED）、建筑环境和基础设施可持续性评估方法（building research establishment environmental assessment method，BREEAM）和日本建筑物综合环境性能评价体系（comprehensive assessment system for building environmental efficiency，CASBEE）等，这些评价体系均有城市街区绿色化改造评价的子体系。在后续的发展中，相关评价体系的内涵和范围都得到不断拓展。2000年，建筑绿色评估标准将评价范围拓展到居住社区的尺度并加入城市区域的因素。2009年美国推出了LEED-ND标准，更加强调区域和周边环境的影响。德国2012年颁布的DGNB将评价范围从单体建筑延伸至区域尺度，从建筑全空间环境出发，最终对城市街区绿色性能进行评价，建立起建筑与环境之间的关系。

目前，我国已经颁布改造评价标准包括：《绿色建筑评价标准》（GB/T 50378—2019）、《绿色生态城区评价标准》（GB/T 51255—2017）和《既有社区绿色化改造技术标准》（JGJ/T 425—2017）。现有标准多集中在社区和建筑层面的评价，尚未出台城市街区绿色改造的评价标准。

## 1.3 绿色街区规划设计内容框架

我国已进入城镇化后期，城市建设及更新改造多从街区层面展开，建立不同时空条件下街区的绿色规划设计框架，能够补充完善宏观、中观、微观层次的绿色规划设计体系。推进街区绿色低碳发展在生态价值的提升、气候适应能力的增强和能源节约方面具有显著效应。考虑到当前低碳实践中出现的问题和发展的需要，建立绿色街区规划策略体系、构建绿色街区规划方法技术体系、提供低碳城市发展的实效性策略具有重要现实意义。

### 1.3.1 建立绿色街区规划策略体系

绿色街区规划设计是以生态学原理为核心，融合城市生态学、城市形态学和绿色文化等多学科视角的综合性规划设计方法。它以实现生态城市为目标，通过整合城市规划、建筑学、风景园林等学科知识，以及信息技术、节能技术和环保技术等现代技术手段，在街区层面打造绿色、生态和富有人文关怀的城市空间（臧鑫宇，2014）。

绿色街区规划设计策略体系涉及生态环境保护、经济发展和社会文化传承等多个方面。生态策略包含气候调节策略、能源优化策略、绿地改善策略；空间策略包含土地优化策略、道路提升策略、空间设计策略；文化策略包含以人为本策略、可持续发展策略；产业策略包含构建现代化产业体系和提升产业发展质量。将绿色低碳理念融入规划设计策略体系中，各个环节全面构建绿色低碳规划技术体系，确保绿色理念能够"上承详细规划，下接项目建设"。解决碳排核算、系统集成、规划实施的三个核心问题，打通"规划—设计—建设—管理"的全链条，形成绿色街区可持续发展指针系统，完善绿色城市体系。

构建街区层面的碳排放核算评估体系，聚焦于建筑、能源、交通、市政、生态碳汇五大领域，进行街区层面的碳摸底、碳核算。将各类可实施的绿色技术和政策手段叠加后，综合研判街区减碳的综合成效。搭建街区碳排监测管理平台，实现绿色街区的智慧化管理和全生命周期的管理。

## 1.3.2 构建绿色街区规划方法技术体系

随着规划设计的系统化、综合化发展，数字城市、智慧城市和绿色城市已成为未来城市发展的必然趋势，信息技术和节能技术是这一趋势的技术保障。在绿色街区规划的各个阶段需要建立基于绿色生态理念的技术方法模型，包括空间形态分析技术、环境模拟分析技术与地理信息系统技术三大领域，以实现生态性、创新性、系统性等多方面的效用。

在规划前期，对街区自身生态环境要素的调查研究中，环境模拟技术通过对研究区域的环境气候条件进行综合分析，将环境气候与城市规划联系起来，用以指导规划设计。其中包括风环境模拟技术、热环境模拟技术、光环境模拟技术、声环境模拟技术等。在规划阶段，需要遴选适用的技术，平衡减碳效应与成本。其中技术体系包括高效利用能源、建造低碳建筑、布局低碳化的街区形态、形成公交和慢性导向的出行方式、建造高碳汇的公共空间、布局高韧性的市政基础设施和高效互联的智慧管理系统。其技术方法主要包括环境模拟技术、绿色建筑节能技术、交通节能技术、照明节能技术、光伏太阳能发电技术、地源热泵技术、排风热回收技术、水源热泵技术、循环水泵节能技术以及被动式节能和行为节能等（臧鑫宇 等，2018）。此外，探索地理信息系统（GIS）、数字地图、低冲击技术等信息技术与节能技术在绿色街区规划设计中的应用，促进实践的落地（Li et al.，2023）。通过建筑节能材料与新能源技术、动态建设和公众参与进行绿色街区建设，实现城市的低碳绿色发展（Yu et al.，2022）。在遴选出适宜的技术后，将"技术集成"转化为"政策集成"，将能源管网、绿色建筑、市政系统的各类要素整合成低碳专项总控，并形成建设导则和管控机制。在规划建设管理阶段，搭建基于城市运行状态的碳排放动态核算平台，加强全链条追踪和全生命周期监测，建立高效的街区绿色管理机制，提升低碳城市的实际建设效果（Condon，2015）。

随着科技的不断发展进步，信息技术与节能技术在城市规划领域表现出较强的适应性和动态性，为绿色街区的规划设计和实施提供了强大的支持。信息技术综合应用为绿色街区规划设计提供定量分析依据；空间形态分析技术为绿色街区的空间布局提供科学依据；环境模拟分析技术预测和优化街区环境性能，提升了街区的生态宜居性；地理信息系统技术为绿色街区规划与管理提供了强大支持。低碳循环绿色技术不断发展，在减少活动对环境的负面影响、提高能源效率、促进资源循环利用等方面作用显著。

## 1.3.3 提供低碳城市发展的实效性策略

城市中观层级的绿色街区规划研究为绿色、低碳城市的发展规划提供了正确的导向和切入点。街区尺度具有一定的实效性和可控性，可以根据街区的具体情况，制定实效性规划策略。整合宏观城市、中观街区、微观建筑三个层级的理念、方法，形成完善的绿色街区规划设计方法体系，为低碳城市的系统研究奠定了基础，为规划设计部门、城市建设者和管理者提供解决问题的技术方法（臧鑫宇，2014）。

绿色街区规划方法和技术体系的构建能够有效提升生态环境保护效用、低碳减碳效果、经济效益和社会文化效益。从街区尺度上，完善绿地空间布局，提升绿化和绿色设施覆盖率能够有效优化生态环境。基于植被、水体、土壤和气候等环境因素展开街区规划，可以确定需要保护和恢复的关键区域。绿色屋顶、雨水花园等绿色基础设施作为构建绿色城市的基本组成部分，在缓解极端气候引发的风险、提高空气质量、促进区域环境提升等方面发挥巨大的效益。此外，绿色建筑比例的提高也能最大限度地节约资源和保护环境。街区尺度是能量和物质循环流动的合理尺度，调整用地结构、优化交通系统，促进高碳汇、低碳排空间布局的构建。

在绿色街区规划设计中，分布式能源系统布局和建筑节能设计能够实现最高能源利用效率和最佳经济效益。街区尺度也是最贴近人居生活的合理尺度，构建十五分钟绿色生活圈能够引导居民实现绿色、低碳生活目标。因此，在中国转型期的绿色、低碳城市建设阶段中，绿色街区规划设计具有重要的现实意义。

## 1.4 本教材主要内容与学习方法

本教材以城市绿色发展和"双碳"战略目标为背景，以绿色街区作为衔接宏观生态城市与微观低碳建筑的关键层级，阐述绿色街区的基本内容，总结规划设计的策略与方法技术，形成完整的绿色街区城市设计体系，通过街区的绿色低碳示范效应带动城市整体的可持续发展。

本教材内容分为理论、方法和实践三部分（图1-5）。理论部分：第1章，从绿色街区规划设计的背景出发，总结了绿色街区规划设计的研究现状及发展动态，并阐述了教材的内容框架。在此基础上，第2章，阐述了绿色街区的基本概念及研究内容。方法部分：聚焦于绿色街区规划设计方法与策略、信息化与模拟分析技术、资源物料低碳循环绿色技术。其中，第3章，从生态、空间、文化、产业四个维度提出具体的节能减碳、绿色发展的街区规划设计策略，构建城市街区绿色规划设计框架。第4、5章，对绿色街区相关的信息化与模拟分析技术、资源物料低碳循环绿色技术等进行分析概述，对技术要点及技术标准进行介绍，包括以空间形态分析技术、气候环境模拟分析技术、地理信息系统技术和数据库技术为主的信息化与模拟分析技术，以低碳节能技术、绿色建筑技术、环境友好技术、智慧街区技术为主的资源物料低碳循环绿色技术。实践部分：第6章，着重介绍了多种类型绿色街区、绿色社区和不同层次绿色街区的设计改造等的案例以及实际建设中的节能、减碳技术的应用。通过国内外实践案例与支撑技术应用汇总，阐释绿色街区规划设计要点，从而提供具有应用价值的规划方法和策略。

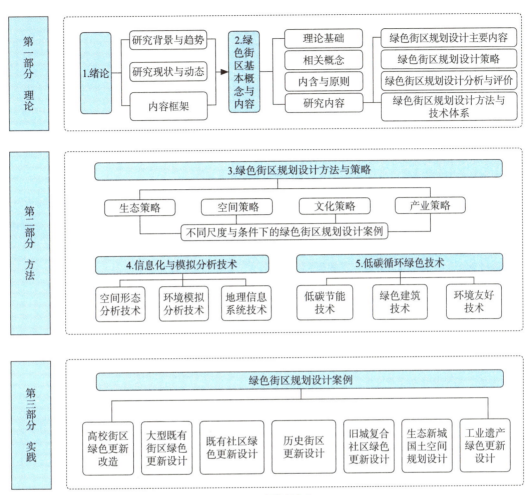

图 1-5 本教材框架

## 小 结

绿色街区作为城市的基本建设单元，是衔接宏观城市与微观建筑的关键层级，在空间规划体系中向上承接城市总体规划和详细规划，向下传导至街坊与建筑单体。面向"双碳"战略目标背景需求的城市绿色街区建设，科学有效地进行碳排放溯源和核算，构建减碳单元；将节能环保的量化目标与规划设计有机融合；植入绿色建筑技术、智慧节能系统等绿色节能和减碳关键技术，提升低碳的应用成效，对完善城市规划设计的理论和实践体系具有重要意义。本章从绿色街区规划设计的背景出发，介绍了绿色街区规划设计的研究现状及发展动态，阐述了绿色街区规划设计的目的与意义。以中观层面的绿色街区为主要研究对象，通过建立绿色街区规划设计方法和技术体系，为城市的绿色、低碳发展建设提供实效性策略，以期适应当前实践中的绿色化发展需要。

## 思考题

1. 绿色街区的起源是什么？其与绿色城市、绿色建筑有什么联系？
2. 随着绿色生态时代的来临，构建绿色街区规划设计体系的意义有哪些？

## 拓展阅读

1. 后碳城市设计方法：可持续发展社区的七项法则. 帕特里克·M.康顿著. 李翅，王琢译. 中国建筑工业出版社，2015.
2. 建筑设计和城市设计中的气候因素. 吉沃尼著. 汪芳等译. 中国建筑工业出版社，2011.
3. 《气候变化2021—IPCC》https://www.ipcc.ch/report/.
4. 《零碳城市手册》https://rmi.org.cn/.

# 第2章 绿色街区基本概念与内容

**在** 当前城市化进程中，绿色街区作为实现可持续城市发展的重要载体和实践模式，其基本概念与规划设计内容的研究日益受到学术界及业界的广泛关注。本章介绍绿色街区的核心理念及其规划设计所涵盖的基本内容，通过剖析城市生态学、城市形态学、低碳城市、绿色文化等多个学科理论在绿色街区建设中的交融应用，揭示其跨学科、多维度的综合性特征。绿色街区不仅强调以生态优先为原则，关注街区与自然环境之间的和谐共生关系，还注重街区空间结构、建筑形态、景观设计、公共设施配置以及防灾系统等方面的整合优化，力求在保障居民生活质量的同时，实现资源高效利用、低碳排放和社会公平。尤其在信息技术、节能技术等现代科技手段的支持下，绿色街区正不断探索创新规划设计方法，塑造既具有地域特色又符合生态环境要求的理想人居环境，成为推动城市健康发展的有力引擎。

## 2.1 绿色街区规划设计研究理论基础

绿色街区研究的指导理论包括城市生态学、城市形态学以及绿色文化视角的城市发展观，同时低碳城市建设在规划、设计、建设、运营等方面积累了丰富的实践经验，相关政策、标准和法规为绿色街区发展提供了制度保障，有利于推动绿色街区研究成果的转化和应用。

城市生态学是绿色街区研究的理论核心。城市生态学视角下的绿色街区规划设计聚焦于多种生态要素的相互作用及其对城市环境的影响，包括但不限于气候条件、土地利用、植被覆盖和水资源系统，并探索有效的策略和手段，以缓解如城市热岛效应、沙尘暴、雾霾和暴雨等城市生态问题，提高城市对各种环境挑战的适应力和恢复力（臧鑫宇，2014）。

城市形态学为绿色街区的研究和发展提供了重要的物质空间理论基础。城市形态学视角下的绿色街区研究侧重于研究街区的三维空间特征与其生态属性之间的内在联系，包括街区的整体布局、建筑规模、色彩形态等，构建科学合理的绿色街区模型，以实现城市建成环境与自然生态系统的和谐共存（臧鑫宇，2014）。

绿色文化视角下的绿色街区定量研究侧重于从"碳排、碳汇"的角度出发，实现重塑城市多个系统的绿色节能化发展的目标。此外，绿色街区文化研究侧重从低碳文化、地域文化、民俗活动、生活习惯等因素出发，构建完善的绿色文化保护与培育体系，实现地域文化和城市生态系统的有机融合，建设健康、活力、可持续绿色街区（臧鑫宇，2014）。

## 2.1.1 城市生态学

### 2.1.1.1 城市生态系统

生态学（ecology）由德国生物学家赫克尔（Ernst Haeckel）于1866年提出，其定义为研究生物体与其周围世界关系的科学，即广义上研究生物体与其有机和无机环境的所有"生存条件"的科学（Haeckel，1866）。1935年英国生物学家坦斯列（A. G. Tansley）首次提出了生态系统（ecosystem）的概念，将其定义为在一个特定空间内，生物群落与物理环境之间相互作用而形成的动态复合体，强调了生物和非生物因素的整体性和相互作用（Tansley，1935）。

城市生态系统的概念是生态学研究向人类主导环境扩展的重要成果，可以将其视为城市居民与其生存环境相互作用的网络结构，是人类对自然环境适应改造而建设的特殊生态系统，不仅包括生物组成要素和非生物组成要素，也包括人类和社会经济要素，因此城市生态系统又是一个自然—经济—社会生态系统（董雅文，1982）。研究表明，在城市生态系统中，经济和社会生态子系统对其结构和功能通常影响更为显著，城市中的生物物种较为单一，作为城市的主要消费者，人类占据着生态系统的主导地位，该系统对病虫害的抵御能力较弱；系统自身的生产者生物量远远低于周边生态系统，因此需要大量的外来物质和能量的输入，同时需要高效的废弃物分解手段，如垃圾焚烧厂、污水处理厂等。人类是城市生态系统的主角，所主导的社会经济活动决定城市的形成与扩张，自然和人类承担复合生态系统中的不同角色，表现为在生态系统组分上镶嵌、结构上融合、过程上耦合、功能上互补和服务上协同，共同发挥作用，共同保障城市生态系统健康可持续发展。

### 2.1.1.2 城市生态学的发展

城市生态学的概念最早在20世纪20年代由芝加哥学派创始人罗伯特·E.帕克（Robert E. Park）等人提出（Park，1952），1910年芝加哥的人口已经超过200万，随着移民的涌入和蓬勃的工业发展，城市环境不断恶化，帕克等学者将芝加哥作为研究案例，从生态学角度探讨城市的竞争、共生和演替等现象。他们认为，城市是人与自然、人与人之间相互作用的结果，城市生态学（urban ecology）的发展由此起步。1954年，帕克又出版了《城市和人类生态学》（*Human Communities: the City and Human*

*Ecology*），引用生物群落的观点来研究城市环境，进一步丰富了城市与人类生态学的理论体系（Park，1952）。

1972年，联合国在斯德哥尔摩举行了第一次人类环境会议，首次评估了人类活动对环境的影响，试图达成关于应对和改善人类环境挑战的基本共识。《联合国人类环境会议宣言》(*Declaration of the United Nations Conference on the Human Environment*，简称《人类环境宣言》，又称《斯德哥尔摩宣言》）中提到，必须对人类居住区和城市环境进行规划，以避免对环境产生不利影响，并为所有人争取最大的社会、经济和环境利益。1977年，贝里（Brian J. L. Berry）出版了《当代城市生态学》(*Contemporary Urban Ecology*），系统研究了城市生态学的起源、发展过程及其理论基础，并聚焦于城市人口空间结构、动态变化以及其形成机制，应用多变量统计分析法进行分析，跨越了社会科学的数个领域：城市社会学、城市地理学、社会生态学、人类生态学以及城市和区域规划。这种方法包含社会空间多层次结构，形成从街区、城市、大都市区、区域和城市系统到整体社会的连续的空间尺度模式。与传统的人类生态学相比，传统的人类生态学严重依赖"竞争作为人类组织的基础"，并排除了"解释土地利用模式的文化和动机因素"，而当代城市生态学则强调"共生和共生主义"意义上的"相互依存"（Berry and Kasarda，1977）。

城市生态学的内涵在几十年的发展中不断得到完善，并呈现多元化态势，生态学家、城市地理学家、规划师和社会科学家都以不同的视角和专业知识定义城市生态学，这也反映了城市生态学研究的复杂性和多样性。总体而言，当代城市生态学主要由三种研究组成，可以定义为对城市化的时空模式、城市化的环境影响和城市可持续性进行研究（图2-1）。城市化影响的研究重点关注环境条件、生物多样性、生态系统过程和生态系统服务等具体方面，社会经济过程和城市规划实践深刻影响城市化格局，是城市生态学科学的核心部分。城市生态学与可持续性发展密切相关但有所区别，可持

图2-1  当代城市生态学的三元结构（改绘自 J. Wu，2014）

续发展理念涵盖了城市生态学，城市可持续发展的重点是人类福祉，而人类福祉从根本上取决于生态系统服务，从生物多样性和生态系统功能中获得的益处为城市生态学与可持续性建立了关键纽带。城市生态学研究也越来越多地采用景观视角，补充了城市规划师和地理学家常用的以斑块、走廊和矩阵视角的城市研究，城市生态学领域在景观视角的促进下在目标（以可持续性为导向）、方法（来自自然科学和社会科学）、参与者（科学家、从业者、决策者和各种利益相关者）方面变得越来越跨学科，标志着城市生态学在理论和实践上都朝着城市可持续性方向发展（J. Wu，2014）。

## 2.1.2 城市形态学

城市形态学的起源最早可追溯到1832年法国著名建筑理论家昆西（A. Q. Quincy）出版的《建筑学历史目录》，其认为城市不仅是建筑物的简单集合，而是由建筑、公共空间（如广场）、街道以及它们之间的相互关系共同构成的整体，由建筑、广场和街道构成的平面图能够识别出城镇的历史演变和空间结构（Gauthiez，2004）。1928年，美国人文地理学家雷利（J. B. Leighly）在《瑞典梅勒达伦:城市形态学中的一项研究》（*The Towns of Malärdalen in Sweden: a Study in Urban Morphology*）（1928）中通过详细的实地调查和数据收集，描绘了该地区城镇的发展过程和空间结构，并首次正式使用并简单定义城市形态学（urban morphology）概念，将其定义为研究城市形态及形成过程的学科，重点关注城市的物质结构、布局和发展动态。而后60余年，城市形态学研究主要演变为英国康泽恩学派（Conzenian School）、意大利卡尼吉亚学派（Caniggian School）、法国凡尔赛学派（Versailles School）三大主要分支，这三个学派通过不同的研究方法和视角，共同推动了城市形态学的发展。1996年，来自不同国家和地区的城市形态研究者在瑞士洛桑正式成立了城市形态国际论坛（International Seminar on Urban Form，ISUF），城市形态学也逐渐成为一门交叉学科（段进、邱国潮，2008）。

城市形态研究的价值在于能够合理地配置新的结构元素以适应城市的动态变化，因此，"形态分析"是提升城市规划实践中的"发展管理"和"设计控制"水平的有效方法，对城市规划实践有重要的指导意义，也成为"可持续发展"及"城市交通"等规划研究的重要组成部分（谷凯，2001）。国内的城市形态学系统性研究从20世纪90年代开始发展。我国幅员辽阔，城市的规模和分布广度与国外城市有着很大不同，呈现出复杂多样的城市形态，随着可持续发展理念的深入，以低碳城市为导向的可持续城市形态研究逐渐兴起。这一趋势推动了城市形态研究范式的转变，传统研究主要侧重于形态描述和类型归纳，而现代研究则逐步向更加综合的方向发展，将社会、经济和环境系统的整合布局纳入考量范围，不仅关注城市的物理形态，还着眼于形态背后的社会经济动力和环境影响，在多维度上理解和塑造城市发展（图2-2）。

近年来，越来越多的研究表明，紧凑型城市正在成为现代城市形态的核心范式，其在应对可持续发展挑战方面具有巨大潜力，把紧凑性、密度、多样性、混合土地利用、可持续交通和绿色空间作为实现可持续发展目标的核心战略，其合理性在于能够为可持续发展的经济、环境和社会目标作出贡献，但仍旧把经济目标作为发展的内在

图 2-2　国外可持续城市形态研究理论框架（改绘自王慧芳、周恺，2014）

核心，使城市更加高效、公平、宜居、充满活力和吸引力（S E Bibri et al.，2020）。同时随着数字化、智能化与信息化技术快速发展，城市形态智能化设计逐渐涌现，依托智能算法和算力提升，配合信息建模和可视化技术，从初始的简单地块布局，通过空间环境代理分析，发展到基于参数化的系统集成和生成设计，再进化到利用人工智能机器学习的城市智能形态设计，城市空间形态设计已从简单的二维排列演变为复杂的三维动态反馈和迭代升级，也让城市形态学更智能、深入地指导低碳街区、绿色街区等可持续城市形态的发展（邓凯旋 等，2023）。

### 2.1.3　低碳城市

#### 2.1.3.1　全球气候变暖危机

低碳城市概念的提出源自全球气候变暖引发的种种危机，1988年，世界气象组织（WMO）和联合国环境规划署（UNEP）共同创建了政府间机构——联合国政府间气候变化专门委员会（IPCC）。自1990年起，该委员会已发布了六份全球气候评估报告，在2021—2022年发布的第六次评估报告中，在"物理科学基础""影响、适应和脆弱性""减缓气候变化"三部分内容中提供了最新的气候变化证据，强调了立即采取大规模减排措施的紧迫性，讨论了气候变化对生态系统和人类社会的深远影响。联合国环境与发展大会于1992年通过了由192个国家签署的《联合国气候变化框架公约》（*United Nations Framework Convention on Climate Change*），旨在控制大气中温室气体的排放，以减缓人为因素对全球气候的影响，该公约于1994年3月生效，奠定了应对气候变化国际合作的法律基础，设立年度缔约方会议，以评估应对气候变化的进展，并通过了相关的法律文书，如《京都议定书》（*Kyoto Protocol*）和《巴黎协定》（*The Paris Agreement*）。随着气候谈判的持续深化和相关制度的不断完善，各国已就减少碳排放以应对气候变暖达成广泛共识，政府、企业和公民社会都面临着转变发展模式、优化能源结构和提高资源利用效率的挑战，不仅迫在眉睫，而且复杂艰巨，需要各方长期持续的努力和国际合作。

### 2.1.3.2 低碳城市的发展

低碳城市发展模式旨在实现经济快速增长与能源消耗和碳排放控制的协调统一，是城市可持续发展的关键路径。2003年英国政府发表了《能源白皮书》（*UK Government's White Paper on Energy*），对低碳城市规划建设进行了早期探索，提出了一系列创新策略，包括到2050年减少二氧化碳排放60%的目标，大力发展可再生能源，提升能源效率，利用核能作为过渡能源，并鼓励在新兴能源技术领域进行创新和投资，以实现低碳经济转型和增强能源安全等策略。2021年英国政府发布《净零战略：绿色低碳重建》（*Net Zero Strategy: Build Back Greener*），提出到2050年实现净零排放并设定了到2035年减少排放78%的中期目标（表2-1），并详细阐述了各部门的脱碳路径，包括大力发展可再生能源、推广电动汽车、提升建筑能效以及引入碳捕获与存储技术。国内的低碳城市发展之路不同于发达国家，需要探索不同于后工业时代的低碳发展模式，不以牺牲经济发展为代价，而是与之紧密结合，从而实现经济增长与环境保护的双重目标。我国低碳城市发展战略可追溯至2006年，当年发布的《气候变化国家评估报告》首次明确提出了低碳经济的发展方向，为后续城市低碳化转型奠定了政策基础。随后，国家发展和改革委员会与世界自然基金会（WWF）合作启动了中国低碳城市发展项目（Low Carbon City Initiative in China，LCCI），选取上海和保定作为首批试点城市。这两个试点城市各有侧重：上海将重点放在节能建筑领域，致力于提高建筑能效和推广绿色建筑技术；保定则聚焦新能源和可再生能源产业发展，同时探索新能源的综合应用和创新节能减排措施，这种差异化的试点策略旨在探索适合不同类型城市的低碳发展

表 2-1 英国净零战略核算基础

| | 碳预算3 | 碳预算4 | 碳预算5 | 国家自主贡献NDC | 碳预算6 |
|---|---|---|---|---|---|
| 核算年份 | 2018—2022 | 2023—2037 | 2028—2032 | 2030 | 2033—2037 |
| 二氧化碳当量限额（×10$^8$t）（年均等效排放量） | 25.44（5.09） | 19.5（3.90） | 17.25（3.45） | 基于百分比的目标（预估2.62~2.75） | 9.65（1.93） |
| 核算基础 | 2018—2020年使用交易/非交易 2021—2022使用英国领土排放量 | 英国领土排放量 | 英国领土排放量 | 英国领土排放量 | 英国领土排放量 |
| 国际航空与航运 | 不包括 | 不包括 | 不包括 | 不包括 | 不包括 |
| 基准年（1990）排放量（×10$^8$t） | 8.596 | 8.596 | 8.596 | 待确认（8.596） | 8.833 |
| 相对于1990年的百分比减排量 | 41% | 55% | 60% | 68% | 78% |

数据来源：《净零战略：绿色低碳重建》。

路径。为了进一步扩大试点范围，积累更多实践经验，我国于2012年和2017年分别公布了第二批和第三批低碳城市试点名单，为不同地理区位、不同发展阶段、不同资源禀赋的城市提供了参与机会。通过这些试点城市的探索和实践，我国逐步积累了丰富的低碳城市建设经验，为全国范围内推广低碳发展模式奠定了坚实基础。2020年"双碳"战略目标的提出标志着我国低碳发展政策进入了新阶段，碳达峰和碳中和目标的确立不仅提升了应对气候变化工作的重要性，更将其转变为一项涉及经济社会各领域的系统性、战略性和全局性任务。

我国低碳城市研究分别在政策制度、建设路径、效果评估等方面给低碳城市建设提供了有力支持，低碳城市的评价方法与评价体系已有大量探索，低碳城市建设是一个复杂而持续的过程，其发展轨迹受多重因素的动态影响，包括人口变迁、产业结构调整、经济水平提升、工业化进程以及科技创新等，涵盖了城市发展的各个方面（辛玲，2011）。经济方面，低碳城市通过最小化资源和能源投入来获取最大的经济产出，以实现经济的高效和集约；重点发展绿色建筑和公共交通，以实现城市的紧凑、舒适和宜居发展；制度方面，确定低碳城市发展的长期目标，政企民多方参与，涉及社会、经济、资源、环境和技术等多个层面和产业结构、能源结构、居民生活等多个方面。有研究表明，绿色技术创新和产业结构优化是低碳城市试点项目的核心驱动力，通过技术进步实现了生产效率的全面提升，特别是在环境友好型生产方面取得了长足进展。然而，低碳城市建设的效果并非均质化的，城市的规模、基础设施水平和技术储备等因素显著影响低碳化进程的成效。一般来说，拥有较大的城市规模、更完善的基础设施网络、更扎实的技术基础的城市在推进绿色增长方面更具优势，这种差异性反映了低碳城市建设中的规模经济效应，同时也揭示了区域发展不平衡的现状。这意味着不同城市在推进低碳发展时，可能会因自身条件的差异而呈现出不同的效果（Cheng et al., 2019）。低碳城市试点政策能够在一定程度上诱导城市提升整体技术创新能力，对实用新型专利和绿色专利产生显著影响。政府需要针对不同类型的城市，提出有针对性的低碳发展重点和目标，建立差异化的城市分类评价标准，对于高碳省份城市的低碳发展，政府应制定更加明确的高碳产业技术改造指导方案，完善"激励—动机—响应"绿色金融政策，构建多层次的绿色金融市场体系，发挥金融资源的积极激励作用，支持节能减排和低碳发展（Zou et al., 2022）。

## 2.1.4 绿色文化

绿色文化的概念提出较晚，但是其理论渊源却十分久远，可上溯至春秋时期，如儒家思想中的"斧斤以时入山林，材木不可胜用也"，即绿色理念的体现。绿色文化可从狭义和广义两个层面来理解。狭义上，绿色文化包含人类为适应环境而创造的，以绿色植物为表征的各种文化形式。这包括早期的采集、狩猎文化，发展至今的农林业、城市绿化，以及与植物相关的科学研究等。广义的绿色文化则体现了人类与环境和谐共处，追求可持续发展的文化理念。这一概念涵盖范围更广，不仅包括可持续的农林业实践，还延伸至不牺牲环境的绿色产业、生态工程和绿色企业运营。更进一步，它还融合了具有绿色象征意义的多个领域，如生态意识、环境哲学、生态美学、生态艺术和旅游等。同时，绿色运动、生态伦理和环境教育也是其重要组成部分。绿色文化的核心在于强调人与自然的和谐共生，并科学地应对当前面临的环境污染、生态系统退化、资源约束等严重生态挑战，以社会发展的生态和谐为基本发展目标，倡导个体行为的改变，如摒弃不可持续的生活方式和消费模式，并进一步在更广泛的社会层面培育有利于环境保护、资源节约和生态平衡的价值观和行为准则（王玲玲、张艳国，2012）。

党的十八大以来，以习近平同志为核心的党中央高度重视生态环境保护工作，并将"生态文明"写进党章，将生态问题提升到战略高度来应对。2018年5月，全国生态环境保护大会明确提出"习近平生态文明思想"，并对推进新时代生态文明建设提出必须遵循的六项重要原则："对自然界不能只讲索取不讲投入、只讲利用不讲建设。保护生态环境就是保护人类，建设生态文明就是造福人类。"绿色文化的发展经历了从社会发展模式的转变到主要社会矛盾的变迁，再到绿色发展对绿色文化的呼唤，以及人们对美好生活的强烈向往，解决生态环境危机，实现资源永续利用，以满足人类对美好生活的需求，需要借助绿色文化来推动新的绿色理念的形成，并改变人们的生产和生活方式。低碳文化作为绿色文化实践的路径，通过实施节能降碳、推广绿色交通方式、促进循环经济等具体措施，实现了绿色理念在生产与生活全领域的深度融合。绿色文化为城市绿色发展提供了坚实的思想基础和价值支持，促进了社会对自然的尊重和环境保护的意识，进而汇聚了构建绿色生态文明的社会共识。

## 2.2 绿色城市、建筑与街区相关概念

### 2.2.1 绿色城市相关概念

绿色城市规划设计是在批判继承历史相关理论的基础上形成的，是一种基于前人的实践和经验，针对新的城市问题提出的解决方案。有机城市、生态城市、绿色城市的概念在全球城市化进程中不断涌现，其见证了全球环境、经济、资源、社会发展水平的变化，以及人类在不同历史时期面临的主要城市问题，它们紧密关联又彼此区别。

首先，三者产生的时代背景互不相同，有机城市（organic city）是为了解决19世纪末20世纪初西方社会城市膨胀、"城市病"蔓延等问题而提出的解决方案，以优化城市的内部结构，强调城市和自然界的有机结合，试图在城市物质的空间安排上建立有机秩序，以街区规划及城市组团的布局理论，安排城市发展的空间布局和形态。生态城市（ecocity）的提出则伴随着20世纪六七十年代的环境运动，其聚焦城市与自然环境的关系问题，主张城市与自然的和谐共存、良性循环，在生态系统支持下更长久地延续。绿色城市在生态城市的基础上，不仅关注城市的内部构造，还重点探讨了城市与自然环境之间的互动关系，强调通过升级生产模式和重塑生活方式来提升城市社会经济发展的资源利用效率和环境友好度，这一理念还将视角延伸至城市居民之间的社会关系，体现了对先前理论的批判性思考和创新性发展。

2005年,《城市环境协定——绿色城市宣言》(Green Cities Declaration)由全球50多个城市市长在美国旧金山签署,该协定涵盖了七个方面,包括能源利用、废物减少、城市设计、城市自然、城市交通、环境健康和水资源。绿色城市理念逐渐融合了人口经济学、城市社会学等领域,吸纳了城乡结合、紧凑发展理念,以实现人类、自然、经济和社会的和谐共存与高效运作为发展目标,综合考虑人与自然、技术与自然以及人与人关系的和谐问题,追求环境友好、资源节约、与自然融合共生。

绿色城市是从人与自然的和谐发展出发,以最大限度地保护自然资源、降低城市对生态系统扰动为原则,以绿色空间生境指数为衡量标准,追求环境友好、资源节约、与自然融合共生的城市,有着动态的发展模式,是以特定地理区域为基础,将城乡融合理念与紧凑智慧型发展思想相结合的社会经济综合体(张梦 等,2016)。绿色城市的发展脉络可归纳为:从早期关注人与自然的和谐统一,到后来逐渐与人口经济学、城市社会学等领域结合,将其视为人与自然、经济、社会之间的健康、协同与可持续发展。

完整的绿色城市规划设计应包括绿色城市、绿色街区、绿色建筑三个层级,分别对应生态研究的宏观、中观和微观层面。街区作为中观层面的关键组成部分,具有明确的物理边界和独特的功能特征,不仅指单一的、被城市道路或自然人工界限所划分的区域,还包括空间上毗邻、功能上互补,并具有相似社会和空间属性的多个街区形成的系统。绿色街区在城市宏观层面、街区中观层面及建筑设计微观层面发挥着纽带作用,作为城市的基本单元和人们日常生活的核心空间,同时也构成了绿色文化和居民生活的基础,通过对街区生态环境的系统研究,规划制定针对性的可持续发展策略以优化资源能源利用,减小人类活动对环境的负面影响,在街区层面落实生态设计理念,有助于在保持城市经济、社会和文化活力的同时,维护自然生态的平衡,逐步推动整个城市向更可持续的方向发展,最终实现城市的全面绿色转型。

## 2.2.2 绿色建筑相关概念

20世纪60年代,索勒里(P. Soleri)首次将建筑学与生态学相结合,提出了建筑生态学(arcology)理论,设想了高度集中且自给自足的、低能耗高资源利用率的城市发展模式(Soleri,1969)。2005年我国颁布了《绿色建筑技术导则》,内容包括提升建筑的节能减排性能、利用可持续资源、优化室内环境质量、实施环境友好的设计措施,以及通过综合评估与管理确保建筑的全生命周期可持续性等,这是中国在绿色建筑领域迈出的重要一步,对于推动中国建筑业的绿色转型具有重要意义。2006年我国颁布的《绿色建筑评价标准》(GB/T 50378—2006)涵盖了节能、节水、节材、环境保护、室内环境质量和运行管理六个主要方面,鼓励使用可持续材料,减少建筑施工和运营的环境影响,并强调在建筑运营过程中实施有效的管理和维护策略。绿色建筑作为绿色城市规划设计三大层级的微观层面,是绿色街区的基础组成部分(图2-3),以降低单个建筑对环境的负面影响,同时提高居住或使用者的舒适度和健康为目标,与街区内其他构成要素如道路、设施、公共空间、居民生活方式共同实现街区的绿色化。绿色建筑在其整个全生命周期内能有效减少环境破坏和资源消耗，为使用者提供环保、健康的空间环境，不仅关注自身的环境性能，还兼顾与周围环境的互动，成为推动整个街区和城市可持续发展的重要力量，其最终目标是实现人与自然的和谐共生，营造高品质的建筑环境。

### 2.2.3 绿色街区相关概念

#### 2.2.3.1 生态街区

生态街区是一种以低能耗、低污染、低排放为标志的节能、环保型街区，在其建造基础上，强调生态资源的综合平衡并强调以"生态"为目标的发展模式，在土地开发利用上，规划适当的容积率、紧凑度及人口密度，环境保护理念渗透到街区开发、建设以及运行全过程，以"3R"为建设和街区维护的指导原则，即reduce（减量化）、reuse（再利用）、recycle（再循环），在选址、布局方面顺应自然环境，核心目标为保护生物多样性、改善生态质量、构建循环经

图2-3 绿色城市的设计层级

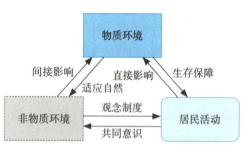

图2-4 生态街区的组成要素及相互作用
（改绘自吴智刚，2005）

济，以及实现街区内部的生态循环，如雨水收集利用、废弃物循环利用等，促进街区内外生态资源的综合平衡。生态街区是开放的，形成一定范围内资源共享的生态循环模式，有助于各个单位之间设施共享、人力资源共享、文化共享、信息共享，共建生态循环的街区精神。生态街区由物质环境、非物质环境和人类（居民）活动共同构成（图2-4），其中，物质环境不仅决定了居民的生活方式和生活质量，而且在很大程度上影响街区的可持续发展潜力，进而决定居民的未来发展前景。与此同时，非物质环境中的制度框架和管理机制以及居民的积极参与，共同构成了街区健康运作的基本保障。居民的生态意识以及在日常生活、生产和社会活动中的实践，是推动生态街区实施和发展的关键主观因素，居民的环保行为、节能习惯、参与街区事务的积极性等，则直接影响生态街区运作的实际效果。

#### 2.2.3.2 低碳街区

低碳街区是指通过一系列措施、规划对策、新型技术、创新型理念、创新型管理模式等方式，使其碳排放指标明显降低或者趋近零碳排放的、区别于传统街区的新型

街区模式。低碳街区主要聚焦居住环境舒适、健康、节能、环保等方面，强调二氧化碳减排与增汇，最大限度地减少温室气体排放，安装智能电网、太阳能光伏板和地源热泵等节能基础设施，提高能源利用效率。同时，推广绿色建筑和节能材料，降低建筑物的能源消耗和碳排放。此外，低碳街区积极推广环境友好型出行模式，鼓励居民使用公交、骑行或步行等低碳交通方式，减少机动车废气排放。

目前，我国在政策上已经形成了较为明确的低碳街区试点建设指南，但关于试点街区的具体政策建议与实施办法相对欠缺，存在公众参与度和自觉度低、规划缺乏具体的细节指导、集体互动行为较少、缺乏有效的约束机制等现实问题，需建立政府主导下公众积极参与的低碳街区发展模式，制定科学的街区碳排放核算方法，建立街区碳排放数据库，定量核算低碳街区碳中和潜力及其实现路径，并开展碳中和街区愿景规划，培养市民低碳素养以及碳消费行为和生活方式（陈一欣、曾辉，2023）。

### 2.2.3.3 可持续发展街区

1987年，世界环境与发展委员会（WCED）起草并发布了《我们共同的未来》（*Our Common Future*），正式提出了可持续发展的概念。该报告将可持续发展定义为满足当代需求且不损害后代满足其需求能力的发展模式。这一理念最初涵盖经济、社会和环境三个维度，随后逐步扩展至社会文化和社区治理等多个领域。

在不同的社会背景和经济发展阶段，生态街区、低碳社区和绿色街区等概念应运而生，体现了对绿色发展的多元探索。城市发展理念也随之演变，从单一关注城市形态构建转向综合考虑整体城市发展模式，重点从人居环境设计扩展到城市经济产业规划。可持续发展街区整合了环境友好、节能减排、生态自然等多项要素，同时提升了绿色经济和绿色文化在城市发展中的优先地位，成为绿色城市建设的核心组成部分。

在全球可持续发展的宏观框架下，《联合国2030可持续发展目标（SDGs）》中第11项目标（SDG11）特别聚焦城市和社区的可持续发展，为全球城市化进程提供了重要指导。目标提出营造包容、安全、韧性可持续的人类居住环境，其核心是构建一个机会平等、资源普惠的未来城市图景。这一愿景不仅保证所有居民都能获得基础设施、能源供给、住房保障和交通便利等基本权益，还强调了城市发展中的社会包容性和环境可持续性，反映了城市应对气候变化、资源短缺等全球性挑战的积极策略。

## 2.2.4 绿色街区规划设计基本概念、内涵与特征

### 2.2.4.1 绿色街区的基本概念

绿色街区是一种融合多元理念的现代城市街区发展模式，整合了城市生态学、城市形态学和绿色文化等理论，以创造一个资源高效、生态安全且人文与自然和谐共存的城市环境。绿色街区强调其作为连接城市与建筑的中观层级的"绿色"载体，营造人与自然和谐共存的宜居空间，与生态街区、低碳社区、可持续发展社区等发展模式

相互联系，但各自有具不同的发展目标、内涵和侧重点。绿色街区理念融合了宏观的城市规划视角与微观的建筑设计视角，充分体现了街区在城市与建筑尺度的过渡和整合价值，强调资源的高效循环利用、生态系统的保护与修复以及人居环境的宜居性和可持续性，为人类与自然绿色协调发展提供了新的范式。因此，绿色街区是以生态学为核心理念，以绿色建筑为基础，以实现绿色城市为目标，资源集约利用、生态环境安全、人与自然和谐共存的街区（臧鑫宇，2014）。

### 2.2.4.2 绿色街区的内涵

绿色作为涵盖多元学科交叉融合的理念，本质上隶属于生态学的范畴，其内在含义已经远远超越最初对自然和平的简单认知，扩展到城市规划、经济文化、社会共识等多个维度。这一演化不仅涵盖了经济、社会、环境、技术和文化等领域，而且其含义也进一步丰富，包括了生态可持续性、健康生活、社会和谐与安全等核心价值。在我国城市正处于转型关键期的背景下，绿色发展理念扮演举足轻重的战略角色，它是推动城市发展模式变革与人民生活方式转型升级的重要指导原则，旨在通过科学的城市规划与建设，重构城市街区的绿色肌理，引导城市发展从单纯追求经济增长向兼顾生态、社会、经济效益的方向转变，从而达成人与人之间、人与自然之间的和谐共生关系，塑造可持续发展的新型绿色城市街区。

### 2.2.4.3 绿色街区的特征

绿色街区具有环境保护与污染减排、能源资源全周期管理、人性化空间设计、技术创新与适应性、系统性与生态整合、街区健康安全与韧性建设等特征（臧鑫宇，2014）。

**（1）环境保护与污染减排**

绿色街区规划设计通过创新性设计和先进技术，致力于全方位改善环境质量。它不仅注重减少常规污染物排放，还关注微粒物和温室气体的控制。具体措施包括采用高效节能建筑设计、引入智能化基础设施、增加多层次绿化系统等。这些举措旨在优化区域微气候，如缓解热岛效应、改善空气流通，同时提升水体净化能力和土壤理化性质等，最终为居民营造一个清新、宜居的生态环境。

**（2）能源资源全周期管理**

绿色街区规划设计倡导从规划、设计、建设到运营维护的全生命周期资源管理理念。这种方法不仅考虑初始建设阶段，还关注长期运营和最终拆除阶段的资源利用效率。具体实践包括选用低碳环保建材、应用高效能源系统、建立循环水资源管理体系，以及实施分类精细的废弃物处理方案。通过这些措施，绿色街区力求最大化资源利用效率，最小化对非可再生资源的依赖。

**（3）人性化空间设计**

绿色街区规划设计在追求生态效益的同时，更注重提升居民的生活品质。设计过程充分考虑人体舒适度因素，确保充足的自然采光、优化的通风系统、合理的噪声控制等。同时，街区规划融入了景观设计、公共艺术等元素，创造富有美感和人文气息的公共空间。

#### （4）技术创新与适应性

绿色街区规划设计在技术应用上追求平衡和适应性。一方面，它鼓励采用符合当地气候、文化和经济条件的低技术解决方案，如被动式建筑设计、自然通风系统等；另一方面，它也适度引入先进技术，如智能建筑管理系统、分布式能源网络、智能水资源管理等。这种灵活的技术策略既保证了解决方案的实用性和可持续性，又为街区注入了创新活力，提高街区的整体运营效率。

#### （5）系统性与生态整合

绿色街区规划设计采用整体系统思维，将街区视为一个完整的生态系统。规划中强调各要素间的互联互通，构建多维度、多层次的生态网络，包括打造连续的绿色走廊、建立雨水花园和湿地系统等。同时，规划还注重提升生物多样性，为本地物种创造栖息地，实现内部生态系统的平衡和与周边环境的和谐共生。

#### （6）街区健康安全与韧性建设

绿色街区规划设计重视提升整体韧性和安全性。在应对自然灾害方面，通过合理布局、设置应急设施、实施防灾减灾措施等，增强街区应对自然灾害的能力。此外，规划还通过绿化降温、减少噪声等措施，提升居民整体生活质量，实现街区的健康可持续发展。

## 2.3 绿色街区规划设计内涵与原则

### 2.3.1 绿色街区规划设计内涵

绿色街区规划设计理念通过运用先进的技术手段和创新的方法策略，致力于优化城市街区的自然环境和建造环境，缓解与修复城市发展过程中对生态环境造成的负面影响。规划设计核心在于优化资源与能源的使用效率，包括传统能源的合理利用，还涉及可再生能源的广泛应用和创新型节能技术的推广，在经济建设方面鼓励绿色产业和循环经济发展，不断调整和优化包括自然生态系统、社会系统和经济系统在内的各个子系统之间的关系，以实现城市生态系统的动态平衡（臧鑫宇，2014）。这一设计理念的基本内涵可以概括为以下几个方面。

#### （1）促进城市生态系统的整体平衡

为实现城市的生态平衡，绿色街区规划设计采用结合传统智慧与现代技术的创新手段，全面考量城市的自然景观与人工建设的和谐共存。通过增加绿化覆盖、改善水体管理，以及优化城市热岛效应的调节机制，这些措施共同作用于提升城市环境的热舒适性和生物多样性，促进人与自然的和谐相处。

#### （2）优化资源利用和能源循环效率

绿色街区规划设计强调对土地、水资源和自然植被的保护与高效利用，通过绿色基础设施和生态设计原则，优化生态资源的管理和应用。同时，加大对太阳能、风能、地热能等可再生能源及清洁能源的开发，采用智能化能源管理系统，实现能源的高效循环使用，从而降低碳排放，推动能源的可持续利用。

（3）激发城市活力与经济发展

绿色街区的规划设计在促进街区经济活动的多元化和空间利用方面发挥重要作用，灵活规划土地用途和功能布局，促进街区经济活动的多元化和空间利用的最优化。通过增强零售和服务业的聚集效应，以提高街区的商业吸引力，同时结合新兴经济形态，设计具有适应性的弹性空间，确保街区能够灵活应对未来市场和社会的变化需求。

## 2.3.2　绿色街区规划设计原则

绿色街区规划设计以生态优先和资源节约为核心目标，综合考虑街区自身系统的整体性及其与城市生态系统的关联性，以技术的创新发展为动力，延续城市地域文脉，为人类提供舒适的人居环境（臧鑫宇，2014）。

（1）自然导向与生态融合

自然导向与生态融合原则作为绿色街区设计的核心指导思想，强调设计过程应当尊重并遵循自然系统的内在规律，具体体现为在街区规划中优先考虑生态因素，保护现有的环境要素同时通过创新设计来优化和提升街区整体生态质量。该原则并非仅聚焦于生态保护而忽略城市经济与社会发展，而是通过法律、政策和规划策略，平衡城市发展与生态系统的需求，寻找全新的城市发展道路，以取代现行的快速扩张和粗放型发展模式，推动经济运行向低能耗、低污染、低碳排放转型。在绿色街区的具体实践中，选址决策、气候因素考量、地形利用、原生植被保护以及水资源管理等环节均体现生态优先原则。绿色街区规划设计首要任务在于维护并强化街区内的生态稳定性，通过对土地、植被、水系等生态要素的有效保护和科学利用，充分考虑当地的生物气候特征，据此优化街区的整体形态构造和绿地空间布局。这种基于生态学原理的规划设计方法不仅有助于调节街区的微气候环境，还能显著提升居民的热舒适体验，进而在街区尺度上实现全面的生态化建设目标，为创造宜居、可持续的城市环境奠定基础。

（2）资源节约与系统规划

绿色街区规划设计强调节约资源和能源，这一原则贯穿街区内所有设施的全生命周期，以绿色建筑标准评估街区内建筑、构筑物和基础设施。绿色街区作为城市结构的中观层级，其与所处的城市环境密切相关，其特性受到城市整体规划、地理位置和气候条件等因素的影响。建筑作为城市结构的微观层级，其形态特征不仅要考虑功能性，还需要与周围环境和谐共处，这种协调在影响街区的美观度的同时，更直接关系到居民的生活质量和舒适度。绿色街区自身内部系统与外部系统之间密切关联，从景观绿地到建筑设施，再到街区和城市，系统间的协同作用和优化整合共同决定了街区整体功能的高效运作与城市生态效益的最大化。

#### （3）社区认同与文化可持续

绿色街区规划设计虽以生态为重，但其核心始终是为居民创造宜居环境。这一理念强调在满足生态需求的同时，更关注人的心理和生理需求，营造既环保又舒适的生活空间。在规划实践中，街区设计应巧妙融合自然法则与可持续理念。建筑群落和公共空间不仅要符合生态要求，更要彰显地域特色，在传递环保理念的同时传承地方文化精髓。街区空间布局需遵循一定的美学原则，创造出既满足功能需求，又富有美感和认同感的街区环境。安全性是街区规划设计的基本要求，而地域性和文化性则赋予空间独特的魅力。在建筑形态、街区肌理和景观规划中体现历史沿革和地方特色，让街区成为绿色低碳、可持续文化的有形载体，展现深层的社会文化内涵，增强社区认同感，实现文化的可持续发展。

#### （4）技术创新与实践

绿色街区规划设计中充分使用适宜性技术和被动式策略，强调规划设计过程的系统性和最终成果的实际效能。在推动城市可持续发展的进程中，项目建设实践的技术创新与规划设计方法的创新都扮演着不可或缺的角色。绿色街区规划设计的前沿包括信息技术、节能技术与设计理念的多维融合，其不仅体现在利用信息技术优化资源配置、监测环境指标以及提升管理效能上，而且表现在通过节能技术革新建筑构造和能源系统，实现节能减排；同时，将这些先进技术与形态设计、生态设计原理相结合，在街区空间布局、建筑设计、景观配置等方面实施整体性、系统性的生态化改造与优化设计，以创造更加可持续、宜居且具有地方特色的绿色街区环境。

## 2.4 绿色街区规划设计研究内容

### 2.4.1 绿色街区规划设计主要内容

#### （1）生态保护

生态保护应作为绿色街区规划设计的基石，通过对街区气候适应性、绿地系统、水资源等生态要素的分析和评估，针对其核心问题制定相关规划策略与城市设计规范，优化生态环境要素的整合应用，适应不同条件下的绿色街区发展需求，促进生物多样性和环境质量提升，增强城市生态系统稳定性与韧性。

#### （2）空间优化

在绿色街区的空间规划方面，以街区的空间尺度为基础，综合考察土地利用、建筑肌理、建筑密度、开敞空间、街道路网等空间环境要素。分析这些要素的现状及潜在优化路径，揭示它们对街区功能性、可达性和美观性的影响，制定一套适应性空间设计策略，改善街区内部的空间质量和外部的环境连接，促进人与空间的和谐共处。

#### （3）技术应用

绿色街区规划设计聚焦于节能技术、信息技术以及其他绿色建筑相关技术的应用和适应性，全面评估街区在规划、设计、建造、运营、更新等生命周期中的环境影响，包括能源消耗、碳排放、水资源利用等，分析相关技术在实际应用中的效益与挑战，针对性提出策略优化街区的能源管理系统、增强生态保护措施，并促进信息技术在绿色街区管理中的集成应用。

#### （4）政策引导

绿色街区规划设计需要制定相应的规划政策，如将绿色街区专项规划纳入城市总体规划有助于生态环境指标的达成；建立激励机制，如税收优惠或补贴政策，激发企业或个体参与绿色城市建设的能动性。基于可持续发展的基本原则，还需要制定涵盖生态环境、经济发展、社会进步、技术创新和文化传承等多个维度的绿色街区评价标准，全面评价绿色街区在推动城市可持续发展中的作用和成效。

### 2.4.2 绿色街区规划设计策略

绿色街区规划设计策略是实现可持续城市发展的基石，本教材将从生态、空间、文化和产业四个维度深入探讨绿色街区规划设计的综合策略，为打造宜居、低碳、富有活力的城市环境提供全面的指导。其中，生态策略聚焦于优化自然环境和资源利用，包括气候调节、能源优化和绿地改善；空间策略着重于物理环境的优化，涵盖土地优化、道路提升和空间设计；文化策略强调人文关怀和可持续发展理念，包括以人为本和文化可持续的考量；产业策略则致力于推动街区经济的绿色转型，包括产业体系现代化和产业质量提升。

这些策略相互关联、相辅相成，共同构成绿色街区规划的基础。完整的绿色街区不仅要有良好的生态环境，还需要宜人的空间布局、浓厚的文化氛围和活跃的经济活动。生态策略中的绿地改善直接影响空间布局和品质，而空间策略的道路网络优化又为生态廊道提供基础。文化策略中以人为本的理念贯穿其他策略，确保生态环境改善和空间设计满足居民需求，同时产业策略的绿色转型支持生态目标，其创新需求也推动了空间的优化。可持续发展理念作为核心，将这些策略紧密联系，要求在每项决策中都考虑长期的环境、社会和经济效益。这种多维度的策略整合不仅优化了单一领域，更创造了协同效应，旨在打造既环保节能又宜居舒适，同时经济活力充沛的现代化绿色街区。

### 2.4.3 绿色街区规划设计分析与评价

街区作为关键的碳减排单元，不同规模的街区——从数公顷到数百公顷不等，面临着不同的减碳挑战，同时也蕴含着巨大的减排潜力。在街区尺度上，绿色街区规划设计以能源可调节、资源可循环以及交通可步行为核心目标，基于碳排放维度，构建街区碳排放计量方法（图2-5），对绿色街区规划设计效益进行分析和评价。

为了有效评估和管理街区的碳排放，建立科学、全面的碳排放计量方法至关重要。这一方法从城市消防端的角度出发，全面考虑影响碳排放的各个因素，可以将街区的碳排放源划分为六个主要维度：建筑、交通、工业、能源、碳汇和废弃物，并通过对这些维度进行系统性的量化分析得到全面而准确的碳排放清单。街区整体碳排计算方

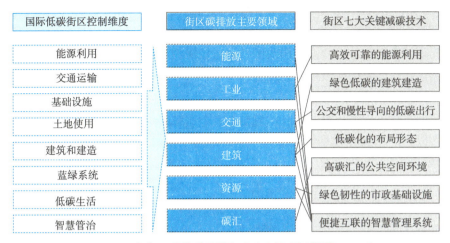

图 2-5　绿色街区碳排放计量方法（改绘自杨保军，2023）

法为，将建筑用能、交通碳排、工业碳排和资源消耗四项碳排相加，再减去绿色碳汇和可再生能源利用的减排量，即得到街区整体的碳排量。

其中，建筑用能主要指住宅和商业建筑的能源消耗；交通碳排包括街区内部及与外部连接的各类交通工具排放；工业碳排考虑街区内可能存在的小型工业活动；资源消耗则包括水、电、燃气等资源使用产生的间接碳排放。另外，绿色碳汇代表了街区内绿地、树木等自然元素的固碳能力，而可再生能源减排则反映了如太阳能、风能等清洁能源的使用所带来的减排效果。通过这种科学、系统的计量方法，能够准确评估街区的碳排放现状，为制定有针对性的减排策略提供数据支持，不仅有助于识别主要的碳排放源，还能帮助决策者优化资源分配，制定更有效的低碳发展策略。随着技术的进步，这种计量方法还可以进一步细化和完善，为绿色街区的规划设计提供更精准的指导。

### 2.4.4　绿色街区规划设计方法与技术体系

绿色街区规划设计方法与技术体系可分为信息化与模拟分析技术和低碳循环绿色化技术两个方面，信息化与模拟分析技术主要包括空间形态分析技术、环境模拟分析技术以及地理信息系统技术三大模块，这些技术的综合应用使绿色街区规划更加精准高效，为设计提供定量分析基础，有助于制订最优方案，更好地平衡街区的生态、社会和经济需求，为创造可持续、高质量的城市生活空间提供有力支撑。低碳循环绿色化技术主要涉及低碳节能技术、绿色建筑技术和环境友好技术三个方面，"双碳"战略目标要求街区规划设计必须向低碳绿色化方向转型，低碳循环绿色化技术的整合与应用，为绿色街区实现节能减碳提供了有效途径，以减少人类活动对环境的负面影响，提高能源利用效率，促进资源循环利用，从而实现经济发展与环境保护的和谐共生。

信息化与模拟分析技术主要聚焦于规划设计的前期和过程中的决策支持，为规划者提供了精确的数据分析和预测能力。这些技术使得规划者能够在设计之初就全面评估各种方案的可行性和潜在影响，从而做出更加科学、合理的决策。而低碳循环绿色化技术则更多地体现在具体的实施和应用层面，直接作用于街区的物理环境和运行过程，以实现减少碳排放、提高能源效率和促进资源循环的目标。

这两大技术体系的关系可以概括为：

①**互补性** 信息化与模拟分析技术为低碳循环绿色化技术的应用提供了科学依据和优化方向，而低碳循环绿色化技术则是前者分析结果的具体落实和实践验证。

②**协同性** 两者在规划设计过程中紧密配合，形成一个完整的闭环。用模拟分析的结果指导绿色技术的选择和布局，而绿色技术的实施效果又可以通过信息化手段进行监测和评估，从而不断优化规划方案。

③**迭代性** 通过两者的结合，可以实现规划设计的持续优化。模拟分析技术可以根据低碳技术的实际应用效果进行修正和更新，而低碳技术也可以根据新的分析结果不断调整和改进。

④**整体性** 两大技术体系共同构建了一个全面的绿色街区评估和实施框架，涵盖从宏观规划到微观实施的各个环节，确保绿色街区规划的系统性和全面性，形成了一个从理论到实践、从分析到应用的完整技术体系。

绿色街区规划设计的技术体系融合了先进的分析工具和创新的实施方法，形成了一个全面的评估与执行框架。前沿的模拟技术和信息系统为规划者提供了精准的决策支持，使方案制定更加科学合理，同时一系列面向可持续发展的实用技术直接作用于街区建设和运营，推动能源效率提升和资源循环利用。

## 小　结

本章主要介绍了绿色街区规划设计的研究领域、理论基础、相关概念界定和基本研究内容。绿色街区规划设计结合了城市生态学、城市形态学、绿色文化等多学科理论，是一个跨学科、多维度的综合性研究领域，旨在通过综合运用生态、形态、文化等多个视角，实现城市绿色、低碳、可持续发展的目标。对生态、绿色和低碳等概念进行了介绍和辨析，明确了它们之间的区别和联系。同时探讨了绿色街区与绿色城市、绿色建筑之间的相互关系，揭示了它们在绿色发展中的不同角色和功能。总结了绿色街区规划设计的内涵、原则和基本内容，以及绿色街区规划设计的策略、评价方法、分析方法与技术体系，强调绿色街区规划设计的核心价值，即在满足人类居住、社会文化需求的同时，优先考虑生态保护、资源节约和环境友好，促进人与自然的和谐共存。

## 思考题

1. 绿色街区规划设计的概念是什么？
2. 试述绿色城市、绿色街区和绿色建筑的关系。

## 拓展阅读

1. 政策方针类网站

https://worldgbc.org/ 世界绿色建筑委员会.

https://unfccc.int/ 联合国气候变化框架公约网站（UNFCCC）.

https://asia.uli.org/research-and-publications/sustainability/ 城市土地学会可持续发展研究专栏.

https://www.planning.org.cn/ 中国城市规划网.

https://www.gov.uk/government/publications/net-zero-strategy/ 英国政府零碳政策.

2. 信息资源类网站

https://www.99co2.com/ 碳讯网.

https://www.ccchina.org.cn/ 中国气候变化信息网.

https://navi.co2.press/ 碳导航.

https://www.ipe.org.cn/ 蔚蓝地图.

3. 案例研究类网站

https://www.asla.org/sustainablelandscapes/index.html 美国景观设计师协会可持续景观.

https://www.archdaily.com/964460/6-urban-design-projects-with-nature-based-solutions 建日筑闻6个基于自然的解决方案的城市设计项目.

https://www.gooood.cn/tag/sustainability 谷德设计可持续发展专栏.

# 第3章 绿色街区规划设计方法与策略

科学合理的设计方法与策略是实现绿色街区规划的重要基础。本章基于生态、空间、文化、产业四个视角阐述绿色街区规划设计的四大策略。其中,生态策略包含气候调节策略、能源优化策略、绿地改善策略;空间策略包含土地优化策略、道路提升策略、空间设计策略;文化策略内包含以人为本策略、可持续发展策略;产业策略包含产业体系现代化和产业质量提升策略。最后通过分析不同尺度与条件下的绿色街区规划设计案例,详细说明上述方法与策略的应用与实践。

## 3.1 绿色街区规划设计生态策略

### 3.1.1 气候调节策略

#### (1) 制定气候调节设计导则

针对不同类型街区可采用不同的策略。例如,居住型街区强调以"人"为核心,以居民户外空间和室内空间的热舒适性为导向,鼓励提供防晒和防雨保护、捕捉凉爽的微风和局部建筑空间向户外开放。商业型街区以"业"为核心,以商业活动的舒适和活力为导向,鼓励最大化通风与遮阳设计以及多维立体的绿化景观。工业型街区以"产"为核心,以工业生产和生产空间的气候友好为导向,鼓励节能式制冷、减少人为热排放。历史街区以统筹保护传统风貌与提升室外热舒适性为重点,鼓励被动降温、通风。

#### (2) 改善街区通风条件

改善街区通风条件可通过以下途径实现:严控通风廊道(臧鑫宇,2015),加强与城市内部的生态联系,带动周边区域环境协同发展;完善绿地系统,扩大水域面积,强化与高价值区域的互联互通;合理布局建筑,调整街道走向与宽度,控制开敞空间,促进通风;拓宽楼宇间道路,增加绿化面积,调整能源利用的方式与结构,减少热源,改善区域高热压。据相关研究,无论是提高城市的建筑密度还是容积率,都会造成城市气温上升（林宪德，1999）。但不同高度的建筑混合布局能够促进街区内空气循环，因此，高低混合的高密度地区可能比建筑密度较低但高度相同的街区通风条件好。

### （3）降低街区污染

街区内部的空气污染一般来自车辆尾气，其控制方法如下：一是促进街区内的空气循环，使污染物尽快散失，以减轻对街区环境的影响；二是通过植被降尘达到降低街区污染的效果；三是鼓励更清洁、更节能的电动汽车出行以及实施绿色交通。不同类型植被对自然尘土和汽车尾气等较大颗粒空气污染物的净化效果存在差异（吉沃尼，2011）。例如，乔木的体积大，其对周围空气的影响效果相对较强，固尘效果明显。此外，要加强对街区内工地的检查，加大对大型建筑工地内扬尘和污染监管的力度，减少污染。

## 3.1.2 能源优化策略

碳排放的主要来源之一是街区用能，高效可再生的能源系统对于能源优化必不可少。绿色街区在能源系统方面的目标如下：一是提升可再生能源的利用率；二是提升能源的使用效率。街区尺度上，能源减碳技术主要包括利用可再生能源降低碳排放的光伏技术、光热技术、分布式供能技术等，其与传统方式相比能源综合利用率有所提升。在此基础上，通过运用碳排放核算方法，评估低碳技术的减碳效果，筛选出符合街区的减碳技术（孙娟，2022）。提升街区内建筑节能水平，如建设绿色建筑、超低能耗（近零能耗）建筑，对于街区尺度上节能以及建筑减碳有重要作用。

### （1）高效利用太阳能

与传统能源相比，太阳能拥有储量丰富、长久、普遍、清洁安全、经济的优点，适合用作街区能源，尤其是在街区中的建筑用能方面，可以广泛使用太阳能。原因如下：每年到达地球表面的太阳辐射能约为$130 \times 10^8$t标准煤，并且太阳辐射能源源不断供给地球，对人类来说是取之不尽的，并且太阳辐射基本可以覆盖地球，对于偏远地区来说，太阳能有较大优势；太阳能几乎不产生任何污染；太阳能的长期发电成本低，是清洁、廉价的能源之一（闫云飞，2012）。

### （2）推广建设产能建筑

按国家标准《近零能耗建筑技术标准》要求，产能建筑属于零能耗建筑的一种形式。简单来说，产能建筑就是建筑及其附近场所产生的能量超过其自身所需要的能量，尤其是可再生能源产出量，不仅能够满足建筑自身需求，还可向外部供能。当将产能建筑评价范围的边界条件拓展到整个城市，则更加有利于建立节能目标，从而实现零能耗城市的愿景（王润娴，2021）。在街区更新中，可以逐步推进街区内建筑的节能改造，降低建筑能耗，提高可再生能源利用水平，将传统建筑转变为产能建筑，加强既有建筑节能低碳改造，打造现代智慧、绿色低碳并重的高品质楼宇，推动建筑光伏一体化改造设计。

### 3.1.3 绿地改善策略

**（1）优化绿地空间结构**

对现状绿地结构与布局及街区用地的具体条件进行分析，针对不均匀分布的绿地和缺乏连通性的街区，优化绿地空间结构是重要的绿地改善手段。通过新增绿地，将街区内分散的绿地空间相连，可形成完善的绿地结构，改善生活环境品质，通过疏解绿地、见缝插绿等途径为市民提供更多更好的城市绿色共享空间，提高居民对街区绿地空间的满意度，又可以为居民提供娱乐及开展社交活动的场所（徐浩，2017）。打开封闭绿化，构建全龄友好公园，最大化整合利用路口、路侧、地铁出入口碎片绿地，在保留绿地资源的前提下补充活动场地，让人可进入、可参与。打造全龄友好、各具特色的"口袋公园"，构建出门见绿的绿地空间网络，提升城市街区生活化体验，增强居民的幸福感和归属感。

**（2）合理打造绿地空间**

植被对街区环境的影响非常重要，对于规划好的绿地空间要进行合理配置，可以将绿色生态和市民活动有益结合，如在林下空间及林草结合地带补充活动场地、休闲空间等。通过园林植物营造绿色森林，可增强区域生态效益，补充休闲活动空间。植物种植方面，种植设计需配置稳定的植物群落，营造出自然温馨的街区绿地环境。设计在满足规范等要求的同时，又要不失绿荫的掩映，随时随地让人们享受到新鲜空气。同时，在大型公园中，可营造低碳园区植物景观，优化植物配置。设计中增加乔木层植物，相对减少草坪用地；使用乡土树种，选择光合效率高、适应性强、枝繁叶茂、叶面积指数高的低维护园林植物。

## 3.2 绿色街区规划设计空间策略

### 3.2.1 土地优化策略

**（1）紧凑布局的街区模式**

紧凑的布局模式强调城市边界清晰，用地密度高、功能混合，社会和文化多样，并以保证安全的步行环境、安宁的生活质量作为城市规划的重要目标。要坚持集约节约，促进低效用地再开发，支持周边不能单独利用的边角地等低效用地作为公共空间、公共服务设施和基础设施。根据新城和老城不同开发密度的交通需求量，适当调整街道的车道数量，通过对每条街道空间的精细考量，在满足交通需求的同时，节约城市土地，提高城市紧凑度，实现现代交通方式对城市的缓和有机介入，避免城市化过程对城市原有紧凑格局的剧烈冲击。

**（2）拆违腾退用地建设**

对于老旧街区而言，街区内的违章建筑虽然在一定程度上解决了老旧街区的用地紧张问题，但占用了公共街道，对街区内的道路环境造成了严重影响，应重新规划改造，加强对街区内的管理。拆除违章建筑后，街区内的空间增加，可以建设公共绿地，提升景观绿化，还可以补充公共设施，增设兼具艺术性、生活性的城市家具小品，优化市政交通设施，提高公共空间利用率，实现与周边环境的良好衔接融合。由于老旧小区往往自身用地紧张，因此还需积极探索适应老旧小区改造特点的差异化土地政策，突出政策制度的灵活安排，充分激发多元主体的更新意愿，鼓励建立多元合作模式。

### 3.2.2 道路提升策略

街区内道路一般存在街道秩序不明晰，街道家具设施陈旧，日常地面停车难，街面绿植遮挡店商门面等问题。因此，需对街区内道路进行提升，如优化道路结构，缓解交通压力；设置共享街道，提升步行友好性；梳理交通秩序，明确权属范围，车辆有序停放；修剪过密枝丫，提升枝下高度，从而打开街道视线等。但针对城市内部不同区域、不同性质的街区应采取差异化的交通策略，国内外有些城市提出了很多值得借鉴的绿色交通策略，如通过设置自行车专线和停车设施，制定限制停车策略，减少车流量，有效地改善了中心区的人居环境（臧鑫宇，2014）；丹麦哥本哈根在旧城商业街区的改造中，采用了控制车速、限制机动车通行等措施。

#### （1）优化道路结构

完善街区交通网络，让街区内交通互联互通。建设市政管线、居民停车场等设施，强化道路通行管理，优化步行空间，全面提升市政承载能力。街区交通系统设计应体现绿色、生态和环保原则，注重步行和自行车系统的组织，采用人车分流、立体交通、地下停车和建筑底层架空停车等方式避免机动车的干扰。步行系统还可以与景观有机结合，体现步行环境的舒适性。道路结构的优化不仅可以缓解街区内的交通压力，让居民出行更通畅，还可以提升人民群众的幸福感和获得感，为高质量发展提供交通支撑。

#### （2）共享街道

共享街道又称"行人优先"街道，是一种专为行人及慢速行驶设计的道路，旨在模糊传统意义上的人行道、自行车道和机动车道之间的界限。共享街道的设计策略对减少气候碳排放以及帮助人们提升健康生活有重要的意义，街区本地居民可以安全舒适地步行或者骑行，快速便捷安全地到达街区的商业区域和服务配套设施，同时也可以乘坐清洁电力公共交通，以更环保的通行方式去工作单位、学校、商业、娱乐和服务场所。

### 3.2.3 空间设计策略

绿色开放空间作为绿色街区的重要组成部分，其在设计上须具备绿色生态和景观营造两项主要功能。合理的绿色开放空间设计，不仅可以为居民提供景观和休闲娱乐环境，还能够提升城市适应环境变化和应对自然灾害的弹性，在确保城市排水防涝安全的前提下，实现雨水在城市区域的积存、渗透和净化效果，促进雨水资源的利用和生态环境保护。

#### （1）完善公共服务设施配置

根据街区内各类公共服务设施的服务半径及街区现有公共服务设施的实际情况，合理布局街区内各类所缺设施。对于5~10分钟街坊级生活圈，设施尽量均衡布置，满足街区居民便利的日常需求；对于"十五分钟生活圈"，邻里中心相对集中布置，保证居民15分钟内可以快速到达（尤国豪，2021）。根据不同的街区特征，加强分类引导、差异管控、特色塑造。社区级公共服务设施按照设施类型来划分，主要包括行政、文化、教育、体育、医疗卫生、养老福利、便民商业七大类设施。例如，在行政设施方面，街道办事处或服务中心应完善党建、党群服务、社区综治、残疾人服务、就业促进、妇女之家等功能。文化设施方面：提供多样化的文化设施，按照标准优先完善社区图书馆、文化活动室等基础保障性需求，并结合居民实际需求考虑增加棋牌室和阅览室等丰富文化生活的品质提升类设施。教育设施方面：满足各类人群受教育需求，优先按照标准扩充各类学龄儿童的义务教育设施。基于居民差异化需求，考虑增设各类社区学校。

#### （2）强化小尺度开敞空间

城市街区内的开敞空间主要包括公园、街边绿地等，对于城市街区空间环境的塑造更加注重于小尺度的开敞空间营造，包括街边公园、桥下空间等。通过对这些开敞空间的精心设计，可以大大增加街区活力。在空间的改造过程中，每个策略都要紧密相连，用整体的眼光将策略综合运用在实际操作中，助力街区更新。此外，在进行街区公园、绿地、广场等公共空间设计时，还应注重公共空间的活力塑造，把公共空间与休闲娱乐等功能结合，在提供居民的休闲需要的同时又有自身功能（蒋涤非，2007）。例如，桥下空间一般很荒芜，被居民回避，用于停车，功能单一低效，采光差面积大。因此，街区更新要注意对类似空间的改造，如可以添加照明系统与镜面艺术装置，减少庞大的结构带来的压迫感，显著地扩大了场地的空间感，增加了自然光的相互作用，无论在白天还是夜晚都让这里光线更充足；硬化路面，添加休憩设施，置入艺术化设计活动装置，营造特色景观；利用高架桥的高遮蔽性创造适宜的公共活动空间，添加活动设施。并且可以大胆设计话题与合理充分运营，一定程度使得区域成为打卡地，让居民在街区内体验城市活力。

## 3.3　绿色街区规划设计文化策略

### 3.3.1　以人为本策略

街区作为塑造理想人居环境以及融合各类要素的重要区域，其设计应尊重当地居民的需求，融入文化、美学元素，体现绿色街区节能、环保和文化特征（臧鑫宇，2018）。绿色街区要遵循以人为本的原则，以创造最适宜居住的生活环境为目的。

### （1）挖掘绿色文化

绿色文化作为生态文明建设的主流文化，指导着人们的生活实践，因此挖掘街区独特的绿色文化非常重要。中国古代的"天人合一"及"取之有度，用之有节"等生态思想观念，均体现了绿色文化内涵。绿色文化以绿色愿景和绿色价值观念为无形内核，以绿色制度规范和绿色行为实践为有形表现，能够为绿色低碳生活方式的培育提供全面支撑。绿色文化的传播需要更加具象与亲民的表征，需要将时代性、战略性的生态文明理念与愿景，合理下沉转化为生活化的绿色文化。根据不同地区的地理区位、资源禀赋及生产生活方式等特点，将当地绿色文化价值理念拓展外化为人们看得见、盼得到的目标，转化为"接地气"的绿色文化符号，并以此设计各类主题性实践活动。

### （2）创新文化体验

文化街区建设在满足基本需求的基础上，还应丰富其演绎手段，从传统营销到沉浸式体验。打造独特的"沉浸式体验"，将终端消费变成生活方式的过程体验，以扩大街区中的盈利空间。沉浸式街区需要科技元素的介入，但是在其介入程度上，需精准把握其深度、广度与效度。一方面，科技元素渗透得不彻底，会在一定程度上限制街区娱乐活动的呈现方式，弱化消费者体验感；另一方面，科技元素渗透得过多，则会导致街区项目整体成本偏高，娱乐活动收费较高甚至光污染现象泛滥。如沉浸式街区"历史重现"，以科技元素活化历史故事。在多媒体技术、全息投影等科学技术手段的介入下，原本无迹可寻的历史事件与人物能够以电子化、虚拟化、可视化的形式在特定空间实体或街区组合中复现，该空间或街区便成了特定的供游客交流学习的理想场所。

## 3.3.2 可持续发展策略

### （1）提升街区韧性

打造有韧性的街区，即改变街区形态，保护街区内居民免受大规模自然灾害和日常灾害等极端事件的影响。打造可持续发展的街区，需要在发展经济、建设街区的同时保护环境，同时保证社会群体和个人尽可能公平地享受发展成果和环境福祉。街区需要注重提高公共空间的视线可达性，吸引人们进入的同时，可以有效降低犯罪率；构建完善的标识系统，引导居民在灾难发生时安全逃生；对闲置地块进行公共空间改造，供居民休闲娱乐以及提供应急场所，提升街区韧性。

### （2）强调公众参与

街区的可持续发展离不开街区内居民的参与与支持。可持续发展不光是政府以及企业行动，还应鼓励和号召居民一同参与，可持续发展也不是一次短期的活动，而是一次长期的不断更新的行动。街区的可持续发展要以居民的需求为导向，强调公众参与，更新过程中要听取公众意见，不只是简单的街区改造，而是要存量提质改造和增量结构调整并举。要激发居民内生动力，同步推进街区更新，搭建"规划协作平台"，以参与式规划为手段，带领居民围绕建筑风格、产业定位、文物保护、环境整治等话题积极建言献策，在陪伴参与中逐步感受街区复兴。

## 3.4 绿色街区规划设计产业策略

### 3.4.1 产业体系现代化策略

街区需要充分认识自身产业优势和潜力，在产业布局上实施差异化发展策略，构建现代化产业体系。通过加强技术创新和产业升级，培育和壮大具有竞争力的主导产业，如高新技术产业、文化创意产业、绿色环保产业等，提高地方经济的核心竞争力。街区应注重产业链的完善和延伸，优化产业组织，既要以促进上下游企业的密切合作和协同发展，形成产业集群效应，提高整体产业的附加值和市场竞争力，也要促进政策指导与市场途径的有机融合。

（1）促进产业集群化发展

绿色发展不仅是环境问题，也是产业问题，街区层面需要配合城市产业发展策略，加快产业发展方式转变和经济结构调整，打造产业、环境协同的绿色生产方式，建设绿色低碳循环发展的经济体系以及绿色技术创新体系，为街区绿色发展提供产业支撑和发展动能。而产业集聚更有利于低碳技术的大规模布置和创新升级。整合街区产业体系，加速推动产业集群化发展，特别是要形成专业化产业集群，形成模块化生产力量。在城市规划和产业政策中应加强产业集聚策略的落实，特别是在绿色技术相关的产业领域。

（2）引导绿色技术创新

应当推动城市绿色技术创新与产业升级相互促进。一方面，主动引进国际先进经验和技术，加快国际间绿色技术交流；另一方面，城市应加快产业结构创新与转型，鼓励企业在绿色技术领域进行技术研发，使城市更具竞争力。同时，要推动绿色技术在城市产业链的进一步渗透，为城市的经济增长提供更为持续的动力（冯烽，2023）。例如，加快发展生态产业，促进产业协作，促进文化和旅游的融合，促进城市绿色健康发展。街区应制订具体的产业升级计划，明确绿色技术创新的重点领域并引进绿色技术，如可再生能源和清洁生产技术。

### 3.4.2 产业质量提升策略

（1）提升商业布局

参照国内外现代化商业街区的成功模式，对街区内商业进行整体改造提升，突出街区特色，提升设计水平，增加休闲娱乐服务设施配置，提高商业街区的经营档次和综合服务水平，满足消费者现代化、多元化的消费需求。商业的布局模式应该具有适宜的尺度，经营类型也应多样化。针对现代商业街区的特点，绿色街区城市设计策略主要包括：①绿色商业街区的空间布局应遵循绿色街区的整体设计原则，体现符合城市文化背景的建筑风貌，并体现城市的文化特色。建筑的风格、尺度、体量、色彩应与城市的肌理、周边建筑群的形态协调统一。②街区针对商业街人流密集的特征，合理组织交通流线，并注意与外部城市道路的直接联系，设置合理间隔的对外步行道、消防通道和室内紧急通道，以便人群的快速疏散。③在不影响商业活动与空间氛围的前提下，提高环境的生态、节能和环保要求。同时，为驻留的人群提供桌椅、遮阳伞等共享设施服务，实现人与水体、植被之间的亲密接触。

#### （2）明确业态配比规划

业态的选择与配比规划不仅要满足经营需要和消费需求，还应适合街区的发展。主要包括两方面：①整体的功能性定位，即街区商业涵盖的基本功能。不同城市的街区商业，由于区位不同，其基本功能以及在街区中的定位也不尽相同。②不同的目标人群，应根据不同街区的特性以及所在街区的受众，选择商业业态的配比组合。不同时期的街区商业，其面临的任务与挑战不同，业态也会随之改变。

## 3.5 不同尺度与条件下绿色街区规划设计案例

### 3.5.1 区域城市绿色街区规划设计

下文以西班牙巴塞罗那"超级街区改造计划"为例进行介绍。

19世纪，西班牙路桥规划师塞尔达（Ildefons Cerdà）为巴塞罗那制定了三稿城市扩建规划。理论层面，塞尔达提出"跳出老城建新城"的方案，提出用地交通相结合、开放性布局的原则，倡导"城市郊区化、郊区城市化"，规划了巴塞罗那的未来景象（卓健，2022）。实践层面，巴塞罗那扩建基本遵循了塞尔达的规划，城市遵循"小街区、密路网"的空间格局。虽然在塞尔达规划时，巴塞罗那仍处于公共马车主导的时代，但在规划中已经考虑了马车和有轨电车的运行要求，很好地适应了未来机动化交通的发展。但是，较高的汽车出行比例不仅限制了巴塞罗那绿色出行的发展，而且汽车交通导致了安全隐患、尾气排放和噪声干扰，严重影响居住品质。因此，2014年巴塞罗那发布的"城市交通出行规划"（PMU）提出了"超级街区改造计划"（Ajuntament，2015）。

超级街区通过邻里单位的原则确定了一个主要道路网络，并在这个网络内建立超级街区系统。其目的不仅是在邻里层面改造公共空间，更是重新组织现有的城市结构，提高可达性、公平性、健康性和宜居性。以前用于交通和停车的空间具有相当大的潜力，可以创造更宜居的社区。道路空间不再仅仅用于车辆交通，而是用于多种用途，提供更大和更安全的公共空间，并便于在户外开展活动（L. Staricco，2022）。实施方面，巴塞罗那政府不再按地区办事，而是逐步实施新的社会管理方式，目的是在整个城市建立一个绿色街道和广场网络，使人行道免受道路交通的阻碍，并以步行优先。整体而言，巴塞罗那旨在保障城市居民的权利，包括改造公共空间，改善社区和场地，重新激活经济，促进可持续交通，建设房屋，从而建立一种更健康、更公平的新模式，提高居民的生活质量（图3-1）。

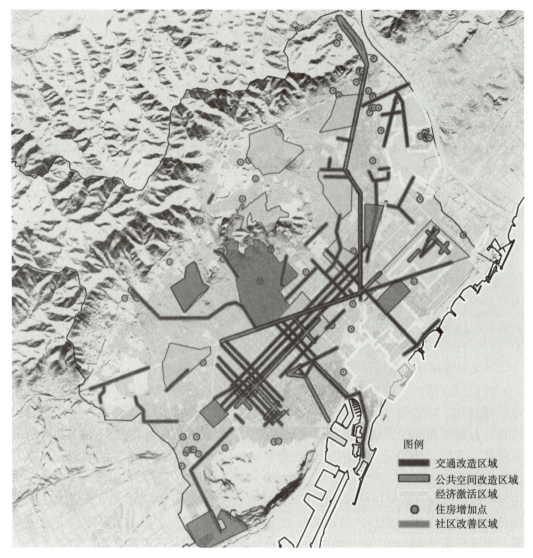

图 3-1　巴塞罗那"超级街区改造计划"示意图（改绘自 www.barcelona.cat）

## 3.5.2　新城绿色街区规划设计

下文以瑞典哈马碧生态城为例进行介绍。

哈马碧（Hammarby）位于瑞典首都斯德哥尔摩城区东南部，从20世纪90年代初开始，斯德哥尔摩市政府对哈马碧地区进行了20多年改造，现在哈马碧已经建设成为一座占地约204hm$^2$的高循环、低能耗的宜居生态城，成为全世界可持续发展城市建设的典范。该生态城在资源利用上实现了低消耗，废弃物得到了有效循环利用；在交通网络方面，倡导绿色低碳出行，大力发展公共交通系统，减少汽车使用；同时，深入人心的环保理念贯穿于城市各个方面，如推动市民参与环保活动。哈马碧生态城不仅带动了该地区经济的健康发展，同时也为全球生态城市规划与建设提供了宝贵经验，为世界各国在可持续城市建设方面提供了范例。

哈马碧生态城是瑞典斯德哥尔摩市最大的市政建设项目之一，其在曾经破旧的老工业仓库用地上（图3-2），以创建一个生态新城为目标，进行了全面的规划和建设。生态城的核心理念是围绕着哈马碧湖及其河道的西北、南、东北三个区域展开规划，以各自的中心公园为依托，将图书馆、商店和为社区服务的办公机构布置在重点交通位置，形成紧凑而又功能齐备的城市布局。此外，哈马碧生态城不仅注重自然生态系统的保护与恢复，还在建筑设计、资源循环利用和环保宣传方面取得积极成果，体现了真正的生态城市发展理念。通过综合利用各种资源，将哈马碧生态城成功打造为一个生态友好、功能完善的城市范本。

图 3-2　重建前的哈马碧（Maddy Savage，2018）

土地利用方面，哈马碧生态城采用集约紧凑的开发模式，制定了详尽的土地开发策略，包括小尺度街区开发、用地功能混合、以公共交通为导向的开发模式（TCD）以及优化公共设施布局等策略，实现了高效的土地资源利用。在公共交通方面，生态城注重建设便捷高效的轻轨、公共巴士和共享汽车网络，力求推动80%的居民和通勤者采用绿色出行方式，以实现城市可持续交通的目标（图3-3）。

开发空间方面，哈马碧生态城采用"以人为本"的设计理念打造公共空间，注重人与自然和谐共生，通过规划设计将自然与人工相融合，打造环境优美的公共空间（图3-4）。哈马碧生态城以保留的原生林地、自然区为骨架，与新建绿地以及通过生态修复等手段改造成的开敞空间相连接，形成了由绿色空间、码头、广场和步行道组成的绿色开放空间网络。

借助20世纪90年代斯德哥尔摩市强烈增长的住房需求，哈马碧生态城在产业模式方面，实现了空间品质的升级，也实现了由轻工业到商业服务业的产业模式的成功转变，尤其是地产行业在转变中取得成功。哈马碧生态城的房地产建设为瑞典全国高品质项目建设树立了典范，并引领了未来的房地产消费市场。例如，适宜步行、居住节

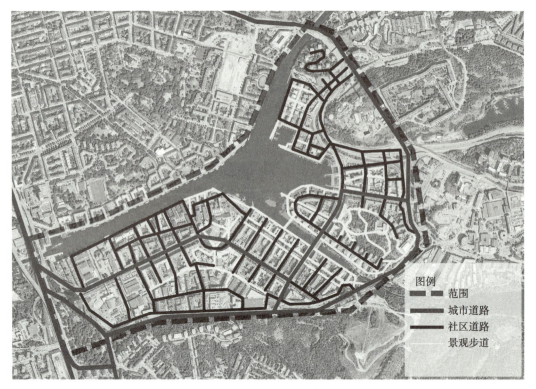

图 3-3 哈马碧生态城道路系统规划图（改绘自 http://www.hammarbysjostad.se.）

图 3-4 哈马碧生态城滨水空间实景

能等由"哈马碧模式"形成的标准，成为影响瑞典房地产消费者选择高品质住宅的重要因素。同时，哈马碧生态城的房地产价值与纳税评估值一直在增长，并高于斯德哥尔摩市整体水平，为地方发展提供了经济支持。原来破旧的工业废弃地经过产业转变，提供了10 000多个高品质的就业岗位，使得哈马碧生态城在未来发展和地方服务上均取得了成功。

基于可持续发展的理念，哈马碧生态城的规划建设由政府统筹，设立了精细明确的"无碳城市"发展目标。项目采用集约紧凑的开发模式，建立了独立的可持续发展能源供应系统，使得哈马碧转变成为一座能够代表瑞典，甚至是全世界现代居住新城，改造规划过程中形成的独特"哈马碧模式"，为全球生态城的发展建设提供了可借鉴的成功经验。

### 3.5.3 商业街区规划设计

下文以英国伦敦牛津街改造为例进行介绍。

英国伦敦牛津街位于大伦敦地区的威斯敏斯特市，属伦敦中央活动区（Central Activity Zone，CAZ）。牛津街是伦敦最为"金贵"的街区之一，根据《库什曼和韦克菲尔德伦敦报告2019》，伦敦零售商业街的年租金中，牛津街、邦德街的店铺年租金远超其他商业街道。根据《伦敦总体规划（2017）》的规划目标，在中央活动区内将打造西区国际中心和骑士桥两大国际中心。而牛津街是中央活动区最繁华的商业空间，每天吸引超60万人参观游玩，其中国际游客占比超30%；街道上有大型综合百货10家，零售店铺222家。就牛津街街道尺度而言，整条街宽约27m，人行空间平均宽度8.5m，局部略有扩大或缩小。牛津街两侧建筑高度为27~48m，高层建筑主要为大型百货，一般建筑底层为商业零售，上层为办公区，街道宽高比约为1.3。

2018年，威斯敏斯特市政府出台《牛津街区改造策略和行动计划2018》（*Oxford Street District Place Strategy and Delivery Plan 2018*），牛津街所在的经营管理单位西区公司（New West End Company）出台了《牛津街2022年实施方案畅想》（*Oxford Street 2022 The Vibrant Future*）。两个规划方案相互顺承，形成"战略布局+实施方案"的改造思路架构，主要包括商业、交通、空间等因素。为了清晰、有序地进行步行街优化，且在最低程度上受产权分散的限制，牛津街采用了"分区改造"办法。"分区改造"不以主干道为中心进行改造，而是将其融入周围片区，以"主干道+支马路"为组合切割整条步行街，分区单独改造。其优势是既能通过改善支马路问题优化主干道，又能分出固定节点，分段考虑产权回收问题（图3-5）。

街区功能方面，由纯粹购物向休闲生活演进。根据当时的规划相关数据推断，到2020年，伦敦21.3%的零售业将转为在线销售（2012年在线销售占比仅为11%），大量的商业店铺倒闭更迭，迫使商业街业态自我更新演替。如今的牛津街，已经从单一纯粹目的性购物转变为旅游、家庭聚会、人群社交、休闲娱乐活动等多种丰富的生活场景的体现。1/4的英国购物者表示，他们去牛津街，是为和家人朋友进行社交活动，1/3的人去牛津街为了聚餐休憩。街道上的商户也在调整店内布局结构，减少展架展柜，

图 3-5 伦敦牛津街改造分区图（改绘自 RET 睿意德，2020）

增设活动室等作为休闲社交场所、产品体验中心、健身授课地的空间。

交通出行方面，进行以减少地面公交班次为策略的微改造。在牛津街改造方案中，随着轨道交通的运行，牛津街的人流在持续增多。"一刀切"的禁行禁车可能会损其"心脉"，引发人气与商业氛围的整体溃散。规划对牛津街的未来交通环境进行了预判，预计到2026年，若不采取交通改造措施，全街85%的路段将会拥堵。相关统计表明，牛津街的每辆公共汽车上平均有18名乘客，公交车未达到有效的承载能力。规划采取相对保守的交通改造策略，拟优化公交系统以减少地面公交班次来迫使游客养成地铁出行的交通习惯；同时规范货运车行流线，减缓拥堵趋势。

街区管理方面，牛津街的持续发展得益于伦敦新西区公司的整体运营策划。西区公司对牛津街的交通流线、商业组织、策划定位等开展了多次科学论证，逐渐形成了明确的战略目标。公司明确，牛津街需要转变为综合零售、娱乐和休闲体验的目的地，商业氛围要持续吸引人流，把握当下与潜在人流，将牛津街打造为适合生活、工作、投资和参观的场所。

### 3.5.4 高教街区规划设计

下文以比利时新鲁汶大学城为例进行介绍。

新鲁汶大学城的建立是由于当时比利时语言族群之间的冲突，鲁汶大学不得不从鲁汶（Leuven）搬走。新鲁汶大学城的建设没有选择当时比较普遍的独立校园和功能分区布局以及超大规模的建筑，而是选择紧凑布局。这既体现了欧洲城市的传统价值观，也满足了现代生活的需求。大学城规划项目始于1968年，项目第一阶段在1972年开始投入运营（刘铮，2017）。

建成的新鲁汶成为布鲁塞尔附近的一个核心卫星城市，其规划理念是紧凑布局、混合开放和步行连续，由此创造适合步行的街区规模，丰富大学城的多样性，提高大学城的可步行性和通行效率。遵循紧凑布局的规划理念，用地方面，将新鲁汶大学城分为多种用地类型，其中校园用地3.5km$^2$（图3-6），这不仅确保了土地的高利用率，同时也降低了建设成本。建筑方面，新鲁汶大学城内的建筑遵循"高密度—低层数"的原则，建筑的层数受到约束，营造了舒适宜人的校园环境。

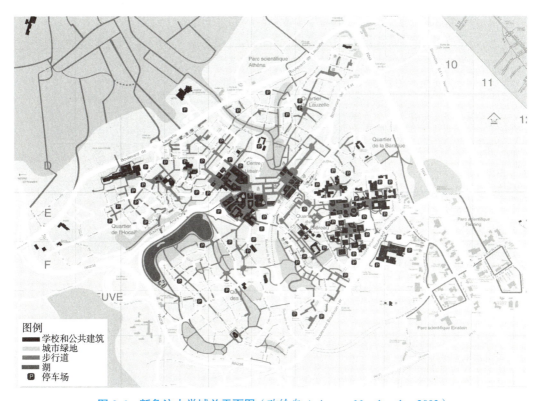

图3-6 新鲁汶大学城总平面图（改绘自 Anita van Noorbeeck，2003）

## 3.5.5 居住区规划与设计

下文以英国伦敦贝丁顿零碳社区为例进行介绍。

伦敦贝丁顿零碳社区位于伦敦近郊萨顿自治市镇，社区所在区域原来建有污水处理厂，属于再开发地块。社区周边建筑密度较高，每公顷土地约有100户家庭，临近火车站，基础设施完善（图3-7）。伦敦贝丁顿零碳社区采用零耗能开发系统，综合运用多种环境策略，并采用一系列技术手段，如雨水回收、垃圾再利用、建设通风装置、增设太阳能PV板、建设热电联产装置等，减少贝丁顿社区对能源的消耗。

在减少建筑能耗方面，贝丁顿零碳社区使用可再生能源保障居民生活。可再生能源主要来自建筑楼顶和南面向阳侧安装的太阳能光伏板供电和通过燃烧社区中回收的木材废弃物进行发电，并利用余热加热热水，形成一个小型热电厂。因为热需求仅针对热水，并且全年保持一致，超大热水储罐可以满足高峰需求，同时仍允许全天候充电。

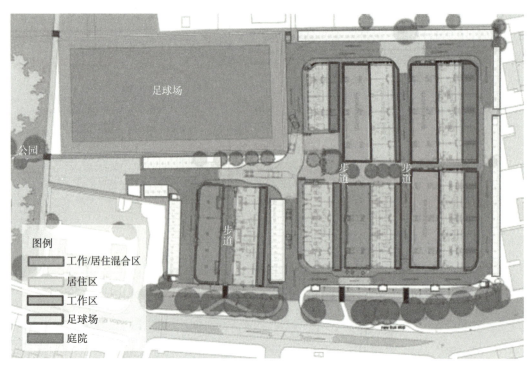

图 3-7 贝丁顿零碳社区功能分区图（改绘自 BedZED，2002）

图 3-8 英国伦敦贝丁顿零能耗开发项目（Tom Chance，2008）

在能源方面，贝丁顿社区通过三层隔热玻璃、屋顶种植绿化及设置风帽的方式降低夏季室内温度，减少社区对能源的需求。社区楼顶五颜六色的烟囱状装置被称作"风帽"，这是一种自然通风装置，具有特殊的开口设计，能随风旋转，从而将室外的新鲜空气通过管道引入室内，同时对进气和出气管道做了特殊处理，使室外冷空气进入和室内热空气排出时在管道中发生热交换，从而减少能源需求（图3-8）。

在交通出行方面，贝丁顿社区遵循"步行优先"的政策，引导用户绿色出行，减少私家车使用。贝丁顿社区提升了电动车使用和太阳能利用率，社区中每个房屋都安装了太阳能光电板，房屋内的热水和电车的充电都来自太阳，这为居民提供了便利的电动车的使用机会。此外，公寓和商住、办公空间的联合开发给居民提供了在家办公的机会，并且小区内配有商店、咖啡店、带托儿功能的健身中心等设施，小区内的商店也给居民提供新鲜蔬菜、水果送货上门服务，这都减少了居民开车出行的机会。

### 3.5.6 综合性街区规划设计

下文以德国弗莱堡沃邦街区为例进行介绍。

德国弗莱堡沃邦街区（Vauban）位于德国弗莱堡市南部，距市中心3km，被誉为"德国可持续发展社区标杆"。1938年，在刚划归弗莱堡市的圣乔治区设立了施拉格特军营。第二次世界大战结束后，法国占领军接管该军营，并以法国著名城防建筑大师沃邦命名。1992年法军撤离后，沃邦街区在此地建立。由于该区的建成与居民的积极推动密不可分，1994年成立了"沃邦论坛"，旨在促进并协调公众的参与。

1999年，德国国家发展局巴登沃尔滕堡和弗莱堡市规划局发布了一份关于沃邦规划和设计的文件，其中包括一份题为"新城区规划和发展十大指导原则"的文件。文件中概述了沃邦新区规划中以"实现可持续发展示范区——沃邦"为主导思想的十大导则：多元化社区的愿景、负责任的城市规划和设计联合体、混合居住、灵活布局、公共安全、公共空间、明确生态责任、公共建筑和机构、面向未来、面向市民。

在交通出行方面，沃邦社区是欧洲为数不多自行车数量超过汽车数量的社区。提倡"无车出行"的概念，交通组织上采用"过滤渗透性"的设计方法，即将社区内道路划分为主干道、内街以及步行小径（图3-9）。对每一级道路行车类型、车速都有明确规定，以此来降低机动车对社区生活的干扰。"过滤渗透性"设计方法于2008年被英国政府生态城镇导则借鉴（MEES PAUL，2014）。

在停车位设计方面，社区设计了"分离的停车位"，停车位与住宅分离，减少停车位的使用需求。为避免给居民出行造成不便，社区建设了完善的公共交通系统。轨道交通的延伸、公交站点的增加，使更多的居民放弃了私家车而选择公交或自行车出行，大大减少了机动车的使用，缓解了由于城市扩张引发的机动车数量激增问题。此外，弗莱堡地区丰富的森林资源和森林碳汇便利性，使社区更容易实现碳总量上的零排放（图3-10）。

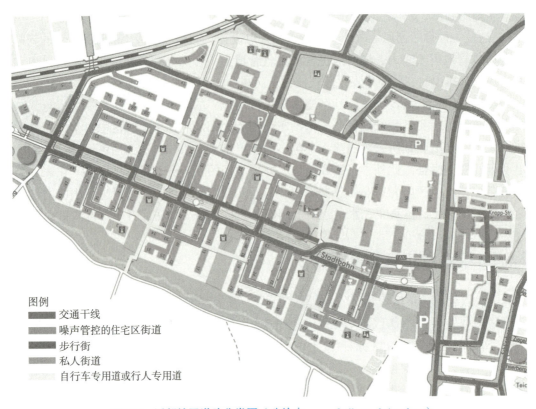

图 3-9　沃邦社区道路分类图（改绘自 www.freiburg.de/vauban）

图 3-10　沃邦社区 2007 年建成状况（Stadtplanungsamt，2008）

## 小 结

本章介绍了绿色街区规划设计方法与策略,包括生态、空间、文化、产业四大策略,生态策略内包含气候调节策略、能源优化策略、绿地改善策略;空间策略内包含土地优化策略、道路提升策略、空间提升策略;文化策略内包含以人为本策略、可持续发展策略;产业策略包含产业体系现代化策略、产业质量提升策略。最后通过不同案例分析不同尺度与条件下的绿色街区规划设计,来详细解读上述方法与策略。

## 思考题

1. 绿色街区的规划策略应该考虑哪些方面?
2. 你有哪些熟悉的国外绿色街区的规划改造案例?

## 拓展阅读

1. 绿色生长的城市——城市生态空间体系建构与空间形态优化. 吴敏,马明. 中国建筑工业出版社,2020.

2. 街道是谁的. 余洋,陈跃中,董芦笛. 中国建筑工业出版社,2020.

3. Research on the Renewal and Renovation of Rabbit Mountain Site Park Oriented by the Construction of Green Blocks.https://www.tandfonline.com/doi/ full/10.1080/17508975. 2023.2223895.

# 第4章 信息化与模拟分析技术

作为城市的基本组成部分，绿色街区的规划与建设逐渐成为城市可持续发展的关键所在，在这一背景下，信息化与模拟分析技术的运用显得尤为重要。本章围绕空间形态分析技术、环境模拟分析技术与地理信息系统技术三大领域，介绍技术的主要功能及其在绿色街区规划中的应用。空间形态分析技术利用空间句法和空间数据，可用于剖析街区的空间构型和要素分布，为绿色街区的空间布局提供科学依据。环境模拟分析技术则通过模拟风、光、声、热等环境因素，预测和优化街区环境性能，提升街区的生态宜居性。地理信息系统技术通过场景可视化及其他技术集成使用，可提升绿色街区规划与管理的决策准确性。这些技术的综合应用能够精准高效地规划绿色街区，为绿色街区设计提供定量分析依据。

## 4.1 空间形态分析技术

### 4.1.1 以空间句法技术为载体对空间构型进行分析

空间句法是由伦敦大学巴利特学院的比尔·希列尔（Bill Hillier）、朱利安妮·汉森（Julienne Hanson）等人发明的，是一种通过对包括建筑、聚落、城市甚至景观在内的人居空间结构的量化描述，来研究空间组织与人类社会之间关系的理论和方法（Bafna, 2003），主要关注空间构型如何影响人们在其中的活动和体验。

空间构型分析则是通过对空间形态的解析、描述和模拟，可实现对空间布局、组织和优化的全面理解和把握。构型（configuration），指的是一个由多个相互联系的元素构成的系统。在这个系统中，任何一个元素都与其他所有元素有着不可分割的联系（Hillier, 1996）。根据这一理念，空间句法学派提出了一系列基于拓扑学原理的量化指标，用以精确描绘构型的特征，其主要包括五个核心要素：节点的连接性（connectivity value）、节点的控制力（control value）、网络的深度（depth value）、整体的整合性（integration value）以及结构的易理解性（intelligibility）。构型分析当中，凸空间分析、轴线图分析和视域分析是三种主要的分析技术。

凸空间分析将复杂空间划分为直线相连的凸空间,有助于理解整体布局和连通性。视域分析关注视觉关系,评估视觉通透性和遮挡关系,有助于理解视觉焦点、视线引导等因素对空间认知和体验的影响。这些分析方法在规划中均具有重要意义,有助于优化绿色街区的空间布局,提升人们的视觉体验。

#### 4.1.1.1 凸空间分析

任意两点可以互视的空间叫作凸空间,它是由一组端点互相连接的简单直线所界定的多边形(茹斯·康罗伊·戴尔顿,2005)。从认知意义来说,凸状空间中的每个点都能看到整个凸状空间,于凸空间里任意选取两点都可以看到彼此,处于同一凸状空间的所有人都能互视,这表达了人们相对静止地使用和聚集,无论是视线交流还是实际交流上都没有空间阻碍值(图4-1)。面对一个复杂的空间系统,如果建立凸空间模型对其进行分析,则可以将整个系统拆分成若干凸空间,然后以连接关系表示其实际组构。

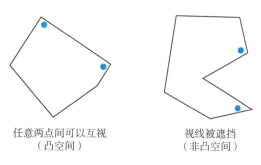

任意两点间可以互视　　　视线被遮挡
（凸空间）　　　　　　（非凸空间）

**图 4-1　凸空间的定义**

街区中的空间交织与流动通常比一般的建筑空间更为复杂。在一般意义上,内向封闭的凸空间并不常见,这就意味着在空间划分过程中需要进行大量的人为调整与界定。这使得在街区中景观空间的凸空间分析具有强烈的主观性。因此城市景观空间之所以给人们留下深刻印象的原因,除了公园中有重要的、引人注目的空间节点外,还因为不同位置空间相互构成的完整序列起到了关键作用。同时,景观节点和凸空间都具备空间单元内部的完整性和不同单元空间的排他性。凸空间模型主要针对块状空间,因此在街区规划中,多用于建筑室内及院落空间的分析,可以将其内部的空间节点视为凸空间,并根据其景观序列的构成关系来生成空间拓扑关系。通过软件计算,可以得出每个节点的变量数值,以此优化绿色街区设计方案。

#### 4.1.1.2 轴线图分析

轴线即从空间中一点所能看到的最远距离。每条轴线代表沿一维方向展开的一个小尺度空间,它不仅仅是一条线,更是沿着一维方向展开的一个小尺度空间(图4-2)。因

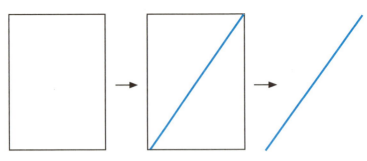

图 4-2　将凸空间转译为轴线

此，轴线不仅具有视觉感知的含义，还反映了人们在该空间中的运动状态。它主要用于研究和描述空间中的主导路径和节点，从而揭示空间组织的内在逻辑和人的行为模式。在空间中，沿轴线方向行进也是最经济、便捷的运动方式，所以，轴线与凸空间一样，也具有视觉感知和运动状态的双重含义。

例如，在商业街、交通干道等线性空间中，轴线图分析可以辅助分析人流、车流等动态因素的运动规律，从而优化空间布局和提高空间效率。轴线图分析的大致步骤可以分为以下几个阶段：

①数据收集与整理　收集关于研究区域的基础数据，包括建筑布局、道路网络、公共空间等。收集数据后，进行整理和标准化处理，以便进行后续分析。

②轴线提取与绘制　在数据整理的基础上，从研究区域中提取出空间中的关键线和关键点，并将它们连接起来形成轴线，这些轴线能够反映研究区域中的主要通道和连接点。

③轴线图构建　在提取出轴线后将其绘制成轴线图。轴线图是一个二维的图形，其中每个节点代表一个轴线交点，每条边代表一条轴线。通过轴线图可清晰看到研究区域的空间结构和连接关系。

④分析与解读　构建好轴线图后可以进行各种分析解读。如可以通过计算轴线的长度、角度、交叉点等指标来分析空间的可达性、渗透性和视觉焦点等。此外，还可以通过对比不同轴线图之间的差异来评估规划方案的效果。

轴线图分析特别适用于对线性空间的研究。因此街区规划中的凸空间可以通过直线进行概括，进而将空间结构转化为轴线图。以矩形空间为例，轴线不仅代表视觉的延伸范围，也决定了行走和感知的极限。保持社区内所有凸形空间的连续性，可以将其抽象为一个相互交织的网络结构，通过选择一条最长和直接的简洁路径贯穿所有凸形空间，能够绘制出社区的句法轴向图。

### 4.1.1.3　视域分析

视域，又称视区，指从空间中某点所能看到的区域。它是不同于凸空间的一种空间界定，更多受空间界面形态和视区多边形形状的影响。其虽为三维概念，但常提及的视域实为二维，即视点在水平面上的可见范围。360°视域可以简单看作是由通过空间中特定一点的水平视线切面形成的区域。它们之间的关系可以简单地由实面周边与闭合射线的比率来确定，这表明视区指数越高，城市活动的空间纵深感与整体可达性越强。个体在空间中的视线方向和范围是由空间形态决定的，且由于人们的活动与视域紧密相关，这就导致了线性空间中人的视线容易集中，面状的空间更适合人们交流，这种状态又影响人对景观的映射关系以及接下来在空间中的运动轨迹。

视域分析模型采用细致的网格化方法，将观察区域划分为众多微小的单元格。通过测量视线的延伸距离，对空间中各元素的相互连接性进行拓扑学分析。这种分析揭示了视线深度如何限定观察者的视野，并据此评估每个单元格内可观察到的空间范围。视线深度的定义基于这样的观察可做如下定义：在一条直线上，观察者如果能够直视到目标点，两者之间的直线距离即为单一视线深度。例如，在一条直线路径中，$A$可以直接看到$B$，则$A$与$B$之间的距离为一个视线深度；若观察者从位置$C$无法直接观察到$E$，而是需要经过一个中间点$D$来实现观察，则$C$到$E$的总距离被视为双倍视线深度（图4-3）。

视域网络分析（visual grid analysis，VGA）指基于视区分割算法实现在特定空间内设置一系列的视点矩阵。视点拥有独立的视域范围，再通过分析视点的视域，深入理解空间中的视线动态关系。VGA模型是对全空间视线关系的抽象模拟，因此在计算之前，不需要对空间关系进行特别的概括。但这也意味着使用者需要更细致地处理空间的边界细节。此外，可用特定的参数来描述每个视点的视域形状特征以及视点间的可见性关系，空间中人的移动规律和社交互动往往受到这种视线关系的影响。并且模型中的单元节点数量可能会对整体产生较大的干扰。因此，在轴线模型中，通常会忽略那些对模型影响不大的细微流线。对比凸空间模型，视域网络分析更侧重于分析空间中的视线关系，而凸空间则侧重于反映空间之间的拓扑关系和整体结构。虽然这两种模型都有其局限性，VGA模型却能通过考虑视线的可达性以及连接性，来揭示空间结构的深层次特征，从而使得分析具有复杂边界的空间成为可能（图4-4）。

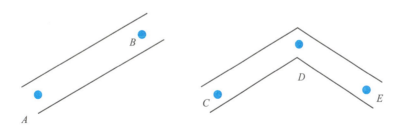

**图4-3　视线深度的定义**（深圳大学建筑研究所，2015）

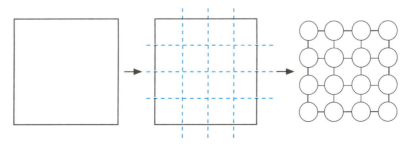

**图4-4　将建筑平面网格化细分**（深圳大学建筑研究所，2015）

具体到街区规划中，视域模型则主要针对块状空间或复杂的微观尺度环境，结合微积分的思想将空间网格化，主要用于建筑室内、景观园林、街巷空间的分析与活动模拟。以VGA模型为例，有以下三类变量：视觉深度值（visual step depth）、视觉整合度（visual integration）、视线控制值（visual control）。其中分析模型中的视觉深度值是将网格矩阵中的单元格作为"节点"，单元格之间的视线关系为"转换步数"，即在平面内能被该点直接看到的区域的深度值为1，并以此类推。

## 4.1.2 基于空间数据的空间要素分析

### 4.1.2.1 以等值线为要素的空间分析

等值线分析是指在地图上标出表示分析对象某一指标数值的各点，并将各点连成相应的平滑曲线，能够直观地展示空间数据的分布规律和变化趋势。在实际操作中，可将类似于地形中的高程点基础数据与街区的重心点精确匹配，随后利用相应分析工具生成对应的等值线分析图，可以应用于中心区的高度、密度及强度的分析。通过这种技术手段能够清晰揭示大尺度中心区空间形态的分布格局及其变化特征，特别是在处理大规模、高密度的城市数据时，等值线分析技术能够提供直观且易于理解的视觉表达，从而有效辅助决策过程。如通过绘制高度等值线图可清晰看到中心区各区域的高程分布和地形起伏；通过绘制密度等值线图，可以揭示人口或建筑的集聚程度和分布模式；而通过绘制强度等值线图，可以评估不同区域的发展潜力和承载能力。

等值线分析的大致步骤可以分为以下几个阶段：

①**数据收集与预处理**　收集与研究区域相关的基础数据，如地形高程、建筑密度、人口分布、交通流量等，对数据进行必要的预处理，如地理编码、坐标转换、清洗整理和标准化等。

②**确定分析范围与重心点**　明确街区范围，并确定每个街区的重心点。重心点通常代表街区的中心位置，是后续数据匹配和等值线生成的关键点。

③**数据匹配与高程点生成**　将预处理后的基础数据与街区的重心点进行匹配，形成类似于高程点的数据集。每个重心点都关联着相应的属性值，如高度值、密度值等。

④**等值线生成**　利用等值线分析工具或软件，根据匹配后的数据生成等值线。这个过程涉及插值算法的应用，通过计算相邻点之间的属性值变化，生成平滑的等值线。

⑤**等值线分析图绘制**　将生成的等值线绘制成分析图，展示研究区域内不同属性值的分布和变化特征。这些分析图可以直观地反映空间形态的分布格局，有助于识别出高值区、低值区以及变化趋势。

⑥**结果解释与应用**　通过生成结果分析等值线的分布和变化特征，揭示研究区域的空间形态特征及其背后的原因和机制，为决策提供科学依据。

等值线分析图不仅能够展示大尺度中心区空间形态的分布及变化特征，对于尺度较小的街区层面也能够提供关于城市形态、功能布局和交通组织等方面的分析。例如，通过对比不同时期的等值线分析图，可以识别出区域土地形态扩张的趋势和速度，进而评估其对周边环境和基础设施的影响。同时，等值线分析图还能够揭示潜在的城市问题，如人口密度过高、交通拥堵等，从而为规划师提供针对性的解决方案。此外，等值线分析技术还具有灵活性和可扩展性，可以根据具体需求和目标调整分析参数和方法，以适应不同规模和类型的分析对象。等值线分析还可以结合其他空间分析方法，如缓冲区分析、叠加分析等，以识别更为全面的街区形态。

#### 4.1.2.2 空间高度拟合分析

空间高度拟合分析指的是以建筑物为研究对象，采用与等值线相同的方法，加入建筑物的高度数据，与建筑平面重心相连接，以此形成结果的一种分析方法。在这个过程中，重心点被视作高程点，而建筑的高度数据则转化为高程数据，从而直接生成具有三维形态的中心区建筑高度模拟模型。这一模型能够较为直观地反映大尺度城市中心区的空间形态格局特征，可为深入理解街区空间结构提供有力支撑。

空间高度拟合分析大致步骤可以分为以下几个阶段：

①数据收集与整理　收集目标区域内的建筑物高度数据，通常包括建筑物的精确高度、位置坐标等信息。整理收集到的数据，以确保数据准确无误且完整，以备后续分析。

②数据处理与分析准备　利用地理信息系统（geographic information system，GIS）或其他相关软件，将建筑物的高度数据与建筑平面重心相连接，形成基础数据集。将重心点视为高程点，将建筑高度数据转化为高程数据，为空间高度拟合分析做准备。

③模型构建　基于处理后的数据，利用三维建模技术生成具有三维形态的中心区建筑高度模拟模型。确保模型能够准确地反映建筑物的高度、位置和分布情况。

④形态分析与评估　通过观察和分析三维模型，评估街区的空间形态格局特征，包括建筑高度的分布、天际线的变化等。分析不同高度建筑的空间分布对视觉连续性、美感以及城市景观的影响。

在此基础上，通过空间高度拟合分析可在规划设计阶段更深入地理解街区的空间结构，有效优化城市空间布局，进而提升环境质量。具体而言，通过生成的三维形态模型，能够直观评估街区的空间形态是否均衡协调，是否符合城市设计的整体风格和要求；同时，分析还能帮助确定建筑高度的合理分布，保护街区的整体天际线，确保视觉上的连续性和美感；此外，能为交通规划提供有力依据，预测和评估交通流线的合理性和效率；最后，空间高度拟合分析还能提升街区的景观品质，确保重要景观节点的视线通廊畅通无阻。通过分析方法的上述实践应用，绿色街区得以展现出更加科学、合理且美观的空间形态，为城市的可持续发展注入活力。

### 4.1.2.3　空间波动分析

在绿色街区规划设计中，空间波动分析通过借助地形起伏度的计算，可对形成的建筑高度模拟形态进行分析，特别是对不同高度建筑之间的高度变化关系进行探索，从而更好地理解街区的空间结构特征。空间波动分析能够指出哪些地区的空间高度变化更为剧烈，这有助于识别出可能存在的场地问题，如地形陡峭导致的建设难度增大或景观视线受阻等问题。同时也能显示哪些地区的变化相对平缓，这些识别出的较平缓区域通常更适合进行大规模的城市建设活动，或者作为街区中的重要景观节点进行打造。

空间波动分析的过程主要包括数据收集、数据处理、模型构建和结果分析四个阶段，具体步骤大致如下：

①数据收集　对涉及城市中心区建筑物的高度数据和建筑平面重心等数据进行收集。这些数据可以通过遥感影像、地理信息数据库等多种途径获取。在数据收集过程中，需要确保数据的准确性和完整性，为后续的数据处理和分析奠定基础。

②数据处理　通过数据清洗、坐标转换、数据插值等将原始数据转化为适用于空间高度拟合分析的形式，为后续的模型构建提供数据支持。

③模型构建　将建筑物的高度数据与建筑平面重心数据相连接，生成具有三维形态的建筑高度模拟模型。在模型构建过程中，需要选择合适的拟合方法和算法，以确保模型的准确性和可靠性。以ArcGIS软件（版本10.8）为例，在Spatial Analyst Tool下，使用Focal Statistics工具分别计算数字高程模型（digital elevation model，DEM）的最大和最小高程值，然后执行这两者之间的高程差异计算，即可得到地形的起伏度指标。

④结果分析　在模型构建完成后，需要对结果进行分析和解读。这一步骤主要涉及对模型的可视化展示、空间形态格局的解读以及城市规划建议的提出等。通过对结果的分析，可以深入了解城市中心区的空间形态格局特征，为城市规划和管理提供决策支持。

空间波动分析用途广泛，它不仅可以提供关于建筑高度和布局的参考依据，确保建筑与周围环境相协调，还可以提供关于地形变化和景观视线的关键信息，以便打造出更加美观和实用的街区环境。此外，可以为交通规划提供重要依据，辅助分析和评估不同高度建筑对交通流线的影响，从而优化街区的交通布局，提高交通效率，以达到绿色低碳的设计目的。

### 4.1.2.4　聚类分析

1957年统计学家欧内斯特·鲁宾孙（Ernest Robinson）首次使用了"聚类"这一术语来描述分析方法。埃弗里特（Everitt）在1974年将一种对象集合分成由类似对象组成的多个类的过程定义为聚类。相对应的，聚类分析基于数据点之间的相似性，将点划分为不同的类或簇，使得同一类中的数据点尽可能相似，而不同类之间的数据点则尽可能不同。

以绿色街区空间形态为例，具体应用聚类分析的方法包括以下几个步骤：

①**数据收集与处理** 针对街区收集相关数据，包括地形地貌、建筑布局、植被覆盖等关键指标。数据需经过预处理和标准化，以消除不同指标之间的量纲差异和异常值，确保数据的准确性和一致性。

②**特征选择与提取** 在数据处理基础上，选择能够反映绿色街区空间形态特征的关键指标进行聚类分析。关键指标包括建筑密度、绿地率、道路网络结构等。同时运用降维技术提取数据的主要特征，为后续的聚类分析提供有效的数据支撑。

③**聚类算法选择与实现** 根据街区空间形态数据的特性和研究目的，选择合适的聚类算法进行实现，如K-means算法（Ding et al.，2004）、新层次聚类算法（R. Gelbard et al.，2007）或DBSCAN算法（M. Ester et al.，1996）等。在选择算法时需要充分考虑算法的稳定性、可扩展性和对噪声数据（数据中存在着错误或偏离期望值的数据）的处理能力，以确保聚类结果的准确可靠。

④**结果解释与应用** 包括对各个簇的空间分布和特征进行详细描述和分析，揭示绿色街区空间形态的内在规律和演变趋势。同时将聚类分析的结果与其他规划方法和数据进行对比和验证，以提高结果的可靠性和准确性。

通过对街景数据、基于位置服务的数据等多元街区数据的深入挖掘与分析，聚类分析可实现从多维度对街区进行定量研究。如通过聚类分析能够揭示不同区域空间品质的异同，对街道空间品质进行定量感知评价；对于街道行为活力，聚类分析能够揭示行为模式的分布与聚集特征，还可对街道慢行品质进行评估，分析慢行系统的优化方向；同时，通过聚类分析可构建街道画像，以更加全面了解街道的功能特性和形态特征，为绿色街区的精细化规划提供有力的数据支持。

### 4.1.2.5 核密度分析

核密度分析是一种估计概率密度函数的非参数方法，它在每个数据点周围放置一个平滑的核，然后将这些核叠加起来，以此来估计数据点在地理空间上的分布密度。对于街区而言，可用于分析相应指标的建筑或街区具体空间分布规律，能够较为直接地反映相应指标建筑或街区的核心集聚区以及空间影响范围，是数据分类统计及分析方法的有效补充，与其他方法结合使用，可以更为清晰与全面地反映出空间形态的规律特征。它能够识别高密度区域和低密度区域，并生成连续的密度表面。这种方法基于移动窗口原理，将每个点周围的区域进行加权求和，并将结果作为输出表面的值。

以绿色街区中某种业态的兴趣点（point of interest，POI）数据为基础，进行核密度分析的步骤如下：

①**数据收集与准备** 收集街区内该业态的POI数据，通常包括每个POI的经纬度坐标、名称、地址等基本信息，确保数据准确、完整，并且格式适用于核密度分析。

②**数据预处理** 对收集到的POI数据进行清洗和整理，去除重复、错误或无效的数据点。根据分析需要，对数据进行分类或筛选，以便更精确地反映特定业态的分布情况。

③**选择核函数** 在核密度分析中，核函数的选择对于结果的准确性至关重要。根据绿色街区的特点和POI数据的分布情况，选择合适的核函数。常用的核函数包括高斯核

函数、立方核函数等。其中,高斯核函数能够生成平滑的密度曲面,适用于大多数情况。

④设置分析参数　根据街区的大小和POI数据的密度,合理设置分析参数,包括带宽、搜索半径等。带宽决定了核密度图的光滑程度,而搜索半径影响每个POI点的影响范围。通过调整这些参数,可以获得不同尺度和精细度的分析结果。

⑤核密度分析　使用地理信息系统软件(如ArcGIS)的核密度分析工具,将预处理后的POI数据和设置好的参数输入分析工具中,软件将根据这些信息计算每个位置的核密度值,生成核密度图。

⑥结果解读与可视化　生成的核密度图将直观地展示街区中特定业态的POI分布情况。通过颜色的深浅变化,可以判断不同区域业态的密集程度。高密度区域表示该业态在街区中较为集中,而低密度区域表示该业态分布较为稀疏。

核密度分析作为有效的技术补充,能够揭示建筑或街区的空间分布规律,通过识别高低密度区域,以提供直观、可视化的决策依据。分析结果不仅有助于优化绿色街区空间布局,提升土地利用效率,还能与其他规划分析方法相结合,形成完整的规划分析体系。

## 4.2　环境模拟分析技术

我国目前建筑能耗约占社会总能耗的30%,且每年新增的建筑面积都在$1\times10^8\sim2\times10^8 m^2$。无论是国家还是地方的绿色建筑评价标准,都对建筑的室外环境提出了相应的指标要求,这些标准旨在促进绿色街区的可持续发展,提升建筑能效减少能耗。室外环境评价主要涉及风、光、声、热四类,与此对应为风环境、光环境、声环境、热环境模拟四种技术。这些技术利用计算机软件和相关硬件设备,可对街区的建成环境和绿色街区设计方案进行实地测量及仿真模拟,以评估和优化建成环境及规划方案的环境性能。

风环境模拟技术主要分析建筑布局和地形地貌对风场的影响,预测风速、风向等参数,为规划方案的通风设计和舒适度评估提供依据。光环境模拟关注日照、阴影等因素,分析规划区域内的光照分布,优化建筑布局和绿地配置,提升居住和工作环境的采光质量。声环境模拟技术用于预测和评估街区的噪声分布,通过合理的建筑布局和交通规划,降低噪声对居民生活的影响。热环境模拟则关注规划区域的温度分布和热量传递,为建筑节能设计和热岛效应缓解提供数据支持。这些环境模拟技术共同助力绿色街区实现节能、低碳的目标。

### 4.2.1　风环境模拟技术

风环境分为室外风与室内风。室外风主要模拟冬夏季的室外风速与风压情况,而室内风主要探究气流畅通与空气龄(指空气从进入房间开始到被排出为止所经历的时间)等问题。计算流体动力学(computational fluid dynamics,CFD)是一种利用计算机进行数值模拟的技术，专门用于模拟流体（如风）的运动和相互作用，它是随着计算机技术和数值计算技术的发展而逐渐发展起来的。具体来说计算流体动力学可以理解为，在计算中首先根据流体在特定条件下的动态行为选择合适的边界条件并对流体运动和质量守恒方程做出适当简化，接下来将连续的微分方程转化为易于计算的形式，最后根据网格划分得到局部精细化的流态模拟，该方法为理解和预测流体的实际运动提供了一种近似的解决方案。

这种模拟等同于在计算机上进行虚拟试验，可以帮助研究人员预测和理解流体在实际环境中的行为。在城市规划领域，计算流体动力学模拟常用于评估和优化建筑风环境，如预测建筑群的风场分布、建筑周围的空气流动情况、通风效果等。与传统的实地测试和风洞试验相比，计算流体动力学模拟具有成本低、精度高、操作简单、机动性强等优点。

常用的计算流体动力学模拟软件包括Airpak、Pheonics、WindPerfect、Star-CD、Fluent等。根据不同的方案尺度与类型，可以选择适宜的风环境模拟软件，以下为几种常用于建筑学风环境模拟的计算流体动力学软件的介绍及比较（表4-1），这些软件较适用于中小型规模的模拟分析。

表 4-1 常用的四种计算流体动力学软件简介及对比

| 对比项目 | Fluent | Airpak | Pheonics | Star-CD |
| --- | --- | --- | --- | --- |
| 功能范围 | 通用CFD模拟 | 专门面向供暖、通风和空调系统（heating, ventilation and air conditioning, HVAC），建筑，规划等领域 | 通用计算流体动力学，也可应用于建筑、城规行业模拟 | 通用CFD模拟 |
| 网格能力 | 提供多种常见CFD的网格 | 可调结构化网格 | 可调结构化网格 | 提供所有常见CFD功能的多种网格 |
| 构建网格复杂程度 | 非常复杂，需要专业知识和丰富经验 | 半自动生成，可微调网格 | 半自动生成，可微调网格 | 新版Star CCA提供可视化调节网格 |
| 适用于风环境的局部网格加密 | 可以，但需要精确的计算和调节，较费时 | 可以，通过针对对象和"虚体"调整网格属性，半自动加密 | 可以，通过针对对象和"虚体"调整网格属性，半自动加密 | — |
| 构建网格所占时间比重 | 20%~30% | 5%~10% | 5%~10% | 10%~20% |
| 几何模型 | 可构建各种模型，适应力强 | 自带建模，可导入3D-CAD文件 | 自带建模，可导入3D-CAD文件 | 自带建模，可导入3D-CAD文件 |
| 用户使用场景 | 非常广泛 | 较大尺度场景 | 部分特定场景 | 较广泛 |

例如，Airpak软件能对室内外环境的风速、温度和空气新鲜程度等关键通风参数进行全面分析，以直观的图形界面展示这些数据，并可模拟街区建筑内外的气流动态，评估通风系统的性能。WindPerfect和Pheonics软件内的Flair模块专为HVAC系统设计，显著简化复杂流体动力学计算中的网格生成和边界条件设置，同时提供便捷的计算结果分析和处理工具。相比之下，Fluent、Star-CD和Pheonics是通用的计算流体动力学软件，功能强大且适用范围广泛，但建模过程相对复杂，需要较高的专业知识和使用经验。

#### 4.2.1.1 基于Fluent软件的风环境模拟技术分析方法

以Fluent软件为例，首先根据模拟步骤，需在CAD软件中创建实测场地的三维空间模型，并通常将计算域的设置控制在距离建筑物迎风面，保证4~5倍建筑高度的距离。对于高层建筑，计算域的高度可以小于3倍建筑高度，而水平宽度应大于8倍建筑物宽度。在设置网格尺寸时，需要对建筑表面、地面以及其他表面分别设定相应的参数。其次，将计算网格导入Fluent软件，并设置边界条件。根据气象站点的数据，设定入风边界和入射风速值。最后，通过求解计算得出模拟结果，并截取特定高度的风速分布图，统计各测点的模拟值。

#### 4.2.1.2 基于Airpak的风环境模拟技术分析方法

风环境模拟技术对城市空间形态导控的影响表现在不同尺度上。

在宏观城市层面，采用风洞试验结合先进的模拟技术，对城市范围内的风流动特性进行深入分析，以识别通风关键区域并构建有效的通风廊道网络。在中观街区层面，利用计算流体动力学等工具，深入探究街谷、开放空间和城市峡谷（urban canyon，指高楼大厦形成的狭窄街道空间）等微观环境因素对风流动的影响，进而制定策略以优化街区设计，提升风环境质量。在微观建筑层面，则可通过实地观测与测试，评估不同建筑布局和形态在特定风环境下的适应性和效能，为建筑设计提供科学依据。

#### 4.2.1.3 基于Pheonics的风环境模拟技术分析方法

Pheonics是广泛应用的CFD软件之一，也是全球最早采用的计算流体力学软件之一，具有准确、高效、易用和成本低的特点，主要用于模拟暖通工程中的热流和建筑环境。

以该软件为例的风环境模拟分析方法步骤如下：

（1）数据收集与模型准备

①收集地理、气象等数据　包括研究区域的地形、地貌等地理信息，风速、风向、温度、湿度等气象数据，同时绘制相应的建筑CAD模型。

②模型导入与适配　将三维模型导入Pheonics软件，根据需要调整模型的尺度和细节，确保与实际环境的一致性。

（2）环境设置与网格划分

①环境参数设置　在Pheonics中设置模拟环境，包括大气稳定性、湍流强度等气象参数。

②边界条件定义　定义模拟的边界条件，如入口风速、出口压力、墙面的无滑移条件等。

③网格生成　使用Pheonics的网格生成工具，根据模型的复杂度和研究需求生成适当的网格系统。

④网格细化　在关键区域如建筑表面、街角等进行网格细化，以捕捉更多的细节

和提高模拟精度。检查网格的质量，确保没有重叠或缺失的网格，以及网格的正交性。

（3）参数定义与模拟配置

①参数化设置　定义模拟中的可变参数，如建筑高度、布局、材料属性等，为后续的敏感性分析做准备。

②求解器选择　根据模拟类型选择合适的求解器，如稳态求解器或瞬态求解器。

③时间步长设置　对于瞬态模拟，设置合适的时间步长以确保模拟的稳定性和准确性。

④收敛标准设定　设定模拟的收敛标准，如残差值、迭代次数等，以判断模拟是否达到稳定状态。

⑤模拟预览　在正式运行模拟前进行预览，检查所有设置是否正确无误。

（4）执行模拟与结果分析

①模拟运行　启动模拟计算，监控计算进度和资源使用情况，确保计算按计划进行。

②中间结果检查　在模拟过程中定期检查中间结果，确保模拟没有出现异常。

③模拟收敛性评估　在模拟完成后，评估模拟的收敛性，确保结果的可靠性。

④结果提取　提取关键的模拟结果数据，如速度场、压力场、温度分布等。

⑤结果可视化　使用Pheonics的可视化工具，将结果以图形、图表或动画的形式展现出来，便于分析和解释。

在建筑设计研究领域，Pheonics不仅可简化风环境的研究流程，还可大幅度降低设计和评估的成本，使设计团队能够以更高效、经济的方式探索和实现建筑与环境的和谐共生。总之，对于绿色街区设计的优化，Pheonics是一款较为理想的模型配置与仿真分析工具。

## 4.2.2　光环境模拟技术

光环境包括室内采光、室内眩光、日照时数等。在日照时数模拟分析方面，目前国外较为流行的软件主要包括Autodesk Ecotect Analysis、UK.SHADOWPACK、TOWNSCOPE和GOSOL等日照分析软件。这些软件各具特色，但普遍存在对多种影响因素考虑不足的问题，特别是在分析地形和周边现状建筑对日照环境的影响方面尚不完善。因此，在实际应用中，需要综合考虑各种因素，结合具体案例进行深入分析和研究，以提高模拟结果的准确性和可靠性。

国内在日照模拟分析领域常用的软件包括众智日照、绿建斯维尔、天正日照和鸿业等。国内外常用日照分析软件相关功能比较见表4-2所列。软件参数设定与实践存在差异，但众智日照因其技术成熟度和广泛的应用范围被选为主要分析软件。众智日照是基于AutoCAD平台开发的系统软件，具有灵活的参数设定功能，能够全面满足日照规范和各地管理规则的要求。该软件已经更新至13.1版本，支持最新的《建筑日照计算参数标准》（GB/T 50947—2014），技术成熟且应用广泛。绿建斯维尔SUN是一款专业的日照计算软件，提供定量和定性分析，并具备绿色建筑指标和太阳能利用模块。它利用共享模型技术解决日照分析、绿色建筑指标分析和太阳能计算等问题。天正日照也是基于AutoCAD平台的日照分析软件，具备光线圆锥、多点分析和窗户分析等功能，其能够应对山地城市的坡地日照问题，为建筑物表面提供准确的日照分析。鸿业日照分析软件则拥有全面的建模工具，支持复杂地形曲面建模、平坡及异形屋顶的建模。

表 4-2  相关功能比较

| 软件名称 | 太阳辐射量 | 日照模拟是否可指定日期 | 日照模拟是否可结合周围环境 |
| --- | --- | --- | --- |
| Autodesk Ecotect Analysis | √ | √ | × |
| UK.SHADOWPACK | √ | × | × |
| TOWNSCOPE | √ | √ | × |
| GOSOL | √ | √ | × |
| 众智日照 | √ | √ | √ |
| 绿建斯维尔 | √ | √ | √ |
| 天正日照 | √ | √ | √ |
| 鸿　业 | √ | √ | √ |

#### 4.2.2.1　基于天正日照软件的光环境模拟技术分析方法

天正日照能够精确计算建筑物的日照时长、日照角度等关键参数，在使用软件时，首先需要根据街区的实际情况设置建筑高度、朝向等参数。然后通过软件的日照分析功能，模拟街区在不同时间段内的日照分布情况。此外，还能对阴影进行分析，模拟建筑阴影对街区环境的影响。通过天正日照软件的光环境模拟，可以更加精准地控制新建筑物所产生的街区光照影响，提升绿色街区的宜居性和舒适度。

#### 4.2.2.2　基于Ecotect软件的光环境模拟技术分析方法

在光环境模拟中，Ecotect软件应用广泛。利用Ecotect的日照分析工具，导入街区的三维模型，建立详细的建筑和环境场景，可以模拟不同季节、不同时间点的日照情况，分析街区内建筑的采光效果。此外，Ecotect还能模拟光影变化，辅助模拟光影在街区空间中的分布和变化，进而优化建筑布局和景观设计。通过Ecotect的光环境模拟，设计师可以更加直观地了解街区的光照情况，为绿色街区设计提供科学依据。

#### 4.2.2.3　基于Fluent软件的光环境模拟技术分析方法

Fluent软件本身不提供日照模拟的直接功能，但通过与其他软件结合使用可间接实现日照模拟。如在建筑设计软件中进行日照分析，得到太阳辐射的相关数据，然后将其作为边界条件输入Fluent中，进而分析太阳辐射对周围环境的热影响。如可先用Autodesk Revit、Rhino 3D等建筑设计软件进行初步的日照分析，而后将结果导出为

Fluent软件可以识别的格式，并为其设置合适的物理模型，如辐射模型（模拟太阳辐射对建筑物表面的影响）、热传递模型等，运行Fluent软件进行模拟计算，分析太阳辐射对建筑物内部和周围环境的热影响。最后根据Fluent软件提供的模拟结果，如温度分布、热流密度等，来评估光环境对建筑内部舒适度的影响。Fluent有强大的后处理功能，并通过与其他软件的日照分析结果进行功能结合实现评估，以此为绿色街区的综合设计和优化提供全面而准确的数据支持。

总之，光环境模拟的意义主要体现在三个方面：作为定量研究手段，辅助建筑天然采光设计和节能评估。在不同设计阶段，光环境模拟都能发挥重要作用。在设计初期，通过光环境模拟可以发现采光设计中的不足并加以改进，为建筑造型、空间处理和立面设计提供有力支持。经过多轮推敲和调整，可以获得满足建筑师要求的理想结果。在建筑使用阶段，光环境模拟主要用于评估节能标准，发现并解决光环境问题，对现实中光不足的现象进行有针对性的改善。总之，光环境模拟利于推动街区绿色可持续性的实现，减少能源消耗、降低环境污染，不仅可提升建筑设计的合理性和绿色可持续性，同时也为低碳绿色街区的可持续发展贡献力量。

### 4.2.3 声环境模拟技术

声环境包括建筑物周边的室外声环境与室内构件隔声与噪声模拟。室外声环境是搭建建筑周边的声源（大小与距离），模拟经声源传递到建筑中后，人们所接受的音量是否低于标准规范中的白天与夜间限值。室内声环境模拟的是建筑材料的隔声性能是否达到预期。

在绿色街区规划中，声环境模拟技术通过模拟街区内的声音传播路径、强度和频率等特性，为规划者提供科学的数据支撑和决策依据，从而筛选出对声环境影响较小的方案。这些模拟成果不仅有助于评估街区规划的声环境影响，还能为交通路网布局提供优化建议，指导降噪措施的合理布局，以及特殊功能用地的合理规划。如能够帮助人们确定合理的道路走向、宽度和交通流量，以减少交通噪声对居民生活的影响等。同时，该技术还能指导降噪措施的布局，如声屏障的设置、绿化带的规划等，以有效降低噪声污染。

#### 4.2.3.1 基于Cadna/A的声环境模拟技术分析方法

Cadna/A是声环境模拟中图形化较为交互优良的一款软件，通过依次搭建建筑模型，设置声源、屏障等，可输出以音量大小数值的渐变云图（平面与立面），结果直观清晰。在绿色街区中，声环境模拟技术与相关成果能够有效应用于声环境影响评价、交通路网布局、降噪措施布局、特殊功能用地布局，从而保障规划在建筑退线、敏感点用地分布、路网结构、车流量等指标的实践和技术支持。

利用计算机辅助设计（computer aided design，CAD）软件绘制出研究区域的详细平面图是进行声音环境模拟前的必要步骤，且该平面图应精确绘出建筑物的边界线及道路中心线走向。随后，将这些平面图数据转换并导入Cadna/A软件中。在分析时需要根据实地调研的数据来设定建筑物的具体高度和道路的交通特征。这些数据包括但不限于道路的规格、车流量的统计、大型车辆所占比例以及法定的车速限制等关键参数。在模拟过程中，将应用基于平面网格的数值计算技术来预测和分析声音在该区域中的传播特性，同时需要设定受声点（用来在模拟中测量或计算噪声影响的特定地点）的高度和网格点之间的间距。经过一系列的网格计算，最终可以获得目标区域人行高度平面的噪声地图。通过这种方法，可以对噪声分布进行精确模拟，为噪声管理和控制提供重要的决策依据。

#### 4.2.3.2 基于Odeon的声环境模拟技术分析方法

针对街区内的建筑，现阶段声学研究领域最常见且使用广泛的，为丹麦公司研发的一款结合虚声源法与声线追踪法的室内声环境仿真模拟软件Odeon。其模拟理论建立在几何声学的基础之上，用于几何形状比较复杂的室内环境及室外场所。在绿色街区规划中，利用Odeon声学软件进行声环境模拟分析包括以下步骤：①通过Odeon的建模平台或导入DXF（drawing exchange format，可被多种CAD软件和3D建模软件导入和导出）、SKP（SketchUp软件的原生文件格式）文件获取模型数据，并使用3D Geometry Debugger检查模型以确保无重叠面。②设置声源参数，包括点声源、线声源、面声源的声压级和指向性。③定义接收点或接收面，接收点通过三维坐标确定，接收面则通过3D网格表示，网格大小可调。④通过材料编辑器设置材料属性，包括吸声系数和散射系数。⑤根据模型精细度选择合适的计算精度等级（survey、engineering或precision），并计算得出声学结果。

### 4.2.4 热环境模拟技术

#### 4.2.4.1 模型基础

热环境模拟技术是一种综合考量建筑室外风场与太阳辐射对建筑（群）影响的模拟分析方法。该技术以建筑群体为研究对象，通过精细化的模型构建和参数设置，模拟建筑周边热环境的分布与变化。其核心在于通过模拟软件，如Pheonics对室外风场进行参数设置，并在此基础上添加太阳辐射模型。通过设定建筑墙体的辐射吸收系数等关键参数，软件能够输出以温度分布为主要内容的云图。这些云图能够直观地展示建筑周边区域的温度分布情况，进而识别出温度剧增区等关键区域。

在热环境模拟过程中，植被的配置是一个重要的考量因素。通过模拟不同植被类型和布局对热环境的影响，可以更加科学地配置街区内的植物，以实现优化热环境、提高居民生活舒适度的目标。同时，在绿色街区设计中强调对建筑用地的合理利用，通过热环境模拟技术，可以更加精准地评估建筑用地的热环境状况，为绿色街区的规划与设计提供有力支持。

#### 4.2.4.2 规划应用

首先，在建筑隔热设计方面，通过模拟建筑在不同太阳辐射条件下的温度分布，可以评估建筑隔热性能，为建筑材料的选择和隔热措施的优化提供依据。其次，在街区整体降温分析方面，热环境模拟技术可以识别街区中的高温区域，进而提出针对性的降温措施，如增加绿地面积、优化水体布局等。最后，热环境模拟技术还可以应用于冷岛用地布局和下垫面设计指引。通过模拟不同用地类型的热环境效应，可以更加科学地确定冷岛用地的空间分布和规模以及下垫面材料的选择和布局，以提高街区的整体热环境舒适度，优化街区的热环境状况。

综上所述，热环境模拟技术在绿色街区规划中发挥着重要作用。通过应用该技术，可以更加深入地了解街区的热环境状况，其技术与相关成果能够有效应用于建筑隔热设计、城建降温分析、冷岛用地布局、下垫面设计指引，从而保障在绿地和水体布局中生态空间宽度和面积的规划指标的实现。

## 4.3 地理信息系统技术

### 4.3.1 多维地理信息系统技术

多维地理信息系统技术不仅涵盖了传统的二维空间数据处理，还扩展到了三维甚至更高维度的空间分析。例如，在城市规划中，利用三维地理信息系统可以模拟城市的天际线、建筑物的阴影影响、通风走廊等。此外，多维地理信息系统还可以结合时间维度，对城市的发展演变进行动态模拟和分析，辅助预测未来趋势并作出科学决策，探讨绿色街区空间格局的科学合理性，指导街区的建设与可持续发展，旨在为街区的生态规划与实践研究提供理论与技术支撑。

#### 4.3.1.1 2D地理信息系统技术

2D地理信息系统（GIS）通过将三维空间的地理实体和现象映射到二维平面上，以提供一种直观的空间数据表达方式。宏观地理信息，如线性的河流和道路，以及面状的植被覆盖、湖泊和人口分布等，通过2D地理信息系统进行分析和处理尤为合适，便于执行距离测量、面积计算和交通流量分析等任务。这种方法虽然便于理解和展示空间数据，但不可避免地会丢失一些关键的空间维度信息，尤其是高度和三维空间关系。这种信息的简化处理，虽然提高了数据处理的效率，但也牺牲了数据的精确度和完整性。

#### 4.3.1.2 3D地理信息系统技术

3D地理信息系统技术通过创建与维护三维空间数据，能够更精细地处理复杂的几何结构。与2D地理信息系统相比，其不仅能展示更为逼真的地形和景观模型，还能提供实时场景漫游体验。例如，3D地理信息系统技术能够执行地形坡度分析等高级功能。而这些功能的实现，均需要依赖三维空间数据的深度和复杂性。

对于三维地理信息系统，z组件的添加，更好的可视化以及技术的进步，提供了更多的项目细节。在大多数情况下，3D工具必须与2D地理信息系统一起使用，然后在3D设置中进行想象和分析。3D的一些常见用途包括城市规划、灾难响应、海岸分析和建筑信息建模。

#### 4.3.1.3 分析步骤

以绿色街区为分析对象，利用多维地理信息系统技术进行某种类型的数据分析，通常可以分成以下几个步骤：

①数据收集与整合　首先需要收集与绿色街区相关的各类数据，包括但不限于地理空间数据、环境数据、社会经济数据等。这些数据可能来自不同的部门和机构，因此需要进行整合，形成一个统一的数据集。多维地理信息系统技术可以支持多种数据格式的导入和处理，以确保数据的准确性和完整性。

②数据预处理　包括数据清洗、格式转换、坐标统一等，目的在于消除数据中的噪声和异常值，确保数据的可用性和一致性。多维地理信息系统技术提供了强大的数据处理功能，可以自动或半自动地完成这些预处理任务。

③多维数据可视化　利用多维地理信息系统技术，可以将处理后的数据进行多维可视化。通过创建三维模型、动态图表和交互式地图等，可以直观地展示绿色街区的空间分布、属性特征及其与其他要素的关系。这种可视化方式有助于更好地理解绿色街区的现状，并发现潜在的问题和机会。

④特定类型的数据分析　针对特定的数据类型或问题，可以利用多维地理信息系统技术进行深入分析。例如，可以分析绿色街区的植被覆盖率、生态多样性、热岛效应等环境指标；也可以分析绿色街区的人口密度、交通流量、土地利用等社会经济指标。通过综合运用空间分析、统计分析、模拟预测等方法，可以揭示绿色街区的发展趋势和潜在影响。

⑤结果输出与报告编写　将分析结果以图表、报告等形式输出，为城市规划决策提供支持。多维地理信息系统技术可以生成高质量的图表和报告，展示分析结果和趋势预测。这些结果可以用于指导绿色街区的规划、设计和管理，促进城市的可持续发展。

### 4.3.2　集成建筑信息模型的地理信息技术

#### 4.3.2.1　建筑信息模型概述

建筑信息模型（building information modeling，BIM）是一种先进的建筑模型技术，它利用丰富的项目信息数据库来创建一个虚拟的建筑工程模型。建筑信息模型不仅仅是建筑物的三维几何表示，它还集成了时间、成本、资产管理、可持续性等多维度信息。通过这种集成，建筑信息模型能够实现对建筑生命周期的全面仿真和管理，从而提供更全面的建筑物信息和更高的决策质量。建筑信息模型的使用，使得设计、施工和运营团队能够在一个共享的数字环境中协同工作，优化设计决策，提高施工效率，降低项目风险。

建筑信息模型的精髓在于这些数据能贯穿项目的整个寿命期，通过建立虚拟的建筑工程三维模型，使得建筑工程项目的设计、施工和运营变得更加智能、高效和可持续。从项目的设计阶段开始，建筑信息模型就不断地积累、更新和共享数据，为项目的决策提供有力的支持。在项目的施工过程中，可促使施工团队能够精确把握设计细节和施工要求。此外，建筑信息模型还支持施工过程中的实时更新和协调，确保所有参与方对项目状态有清晰的认识，从而显著提升施工作业的流畅性，减少返工，最终达到提高工程质量和缩短工期的目标。此外，在项目运营阶段，建筑信息模型还能为设施管理人员提供详尽的设备信息和运营数据，支持人们更有效地进行设施管理和维护工作。

#### 4.3.2.2 建筑信息模型集成应用

建筑信息模型与地理信息系统的集成不仅能充分重复利用已建立的三维模型，还能将大量高精度的建筑信息模型作为3D地理信息系统中关键数据来源。同时，技术集成也促进了多领域间的协同应用，进一步深化了跨领域的合作与信息共享。目前，实现建筑信息模型与地理信息系统数据融合的主要有两种途径：一是通过中间交互格式进行数据转换，具体来说，就是将建筑信息模型按照标准如工业基础类（industry foundation classes，IFC）等组织数据，转化为三维引擎支持的格式，以便地理信息系统读取；二是通过插件进行二次开发。

建筑信息模型与地理信息系统的深度融合，能够将建筑与地理数据实现一体化。这种集成策略不仅使得现有的三维建筑模型得到更广泛的应用，而且通过整合精细的建筑信息模型数据，为3D地理信息系统平台提供关键性的数据支撑。目前，实现建筑信息模型与地理信息系统数据整合的主流方法主要有两种：

第一种主流方法首先是通过标准化的数据交换格式来实现模型间的信息迁移，这通常涉及将建筑信息模型的数据按照工业界广泛认可的IFC标准进行结构化，以确保数据的兼容性和互操作性，或者转换为通用的3D模型文件格式，如OBJ（标准的3D模型文件格式）、DirectX（微软开发的一系列多媒体编程接口）、OSG（open scene graph，为开放的高性能三维图形引擎）等成熟的三维引擎支持的格式。然后，地理信息系统通过直接读取这些格式的数据，实现建筑信息模型在地理信息系统平台上的展示和分析。这种方式的优点是转换过程相对简单，不需要对地理信息系统进行深入的定制开发。

第二种主流方法是通过插件或API接口实现建筑信息模型与地理信息系统数据的底层融合。这种方式需要利用建筑信息模型软件和地理信息系统平台提供的数据接口，进行二次开发，实现数据的无缝对接。通过插件或API接口，可以实现建筑信息模型与地理信息系统数据的实时同步和交互，使地理信息系统能够直接访问和操作建筑信息模型中的数据和功能。这种方式的优点是能够实现更为深入的数据分析和应用，但开发难度较大，需要具备一定的技术实力和经验。

集成建筑信息模型的地理信息技术在街区的绿色可持续设计中具有广泛的应用前景。通过这一技术，可以更好地把握街区与周围环境的关系，为街区的绿色规划设计提供定量分析和决策基础。

### 4.3.3 综合遥感和全球定位系统的空间信息技术

#### 4.3.3.1 空间信息技术

空间信息技术（spatial information technology，SIT）是指利用卫星遥感（remote sensing，RS）、地理信息系统、全球定位系统等技术手段，对地球表面进行空间信息的获取、处理、分析和应用的一种技术。它通过结合先进的计算能力和高效的通信手段，为地理空间信息的处理提供全面解决方案。它涵盖了从数据的初始采集和精确测量，到深入分析和安全存储的全过程。该技术还包括了数据的有效管理、动态展示、广泛传播以及在多个领域的实际应用，极大地提高了空间数据的可用性和价值。

遥感指通过卫星、航空器和地面传感器等设备收集街区地表多类信息以生成丰富空间数据。这些数据提供了关于绿色植被覆盖、土壤类型、水文特征等方面的具体信息，有助于制订更加科学合理的街区绿色规划方案。全球定位技术在绿色街区规划中也发挥着重要作用。通过卫星信号确定准确位置，全球定位系统不仅可用于测量绿色设施的具体位置，还能实时监测街区的环境变化，使得在设计时能够及时调整规划方案，确保绿色街区的可持续发展。地理信息系统则能够捕获、存储、分析、管理和呈现各种地理数据，将遥感数据与其他相关数据进行整合，生成精确的地图和其他地理信息产品。通过这些产品能够更直观地了解街区的空间结构、生态特征以及潜在的环境风险，为街区空间的布局和优化提供决策支持。

#### 4.3.3.2 3S技术集成应用

在街区绿色可持续设计的实践中，遥感、地理信息系统、全球定位系统的集成应用可提升设计的精度和效率。遥感、地理信息系统、全球定位系统集成的方式可以在不同的技术水平上实现，三者之间的相互作用形成的框架可以理解为，遥感与全球定位系统是地理信息系统作为不可或缺的数据源，为地理信息系统提供了实时更新的地理区域信息和精确的空间定位数据；地理信息系统利用这些数据执行复杂的空间分析，以揭示地理现象的内在联系和模式。现代地理信息系统软件通过集成先进的遥感图像处理功能和动态矢量数据管理，实现了与遥感的高度集成。此外，通过引入动态矢量图层，地理信息系统能够实时接收和处理全球定位系统数据，以支持复杂的空间数据处理和分析需求。

遥感与地理信息系统的结合使得设计师能够实时获取并分析街区的空间信息。高分辨率遥感影像可提供丰富的地表覆盖信息，而地理信息系统则能够对这些数据进行高效处理，提取对绿色设计有价值的要素，如植被覆盖度、土地利用类型等。这些信息在设计时为规划绿色空间、优化绿地布局等提供了科学依据。空间定位技术可为街区绿色设计提供精准的空间定位服务。通过空间定位设备可以实现精确测量街区中各个关键点的位置，确保绿色设施的布局与实际地形地貌相符合。同时空间定位技术还可以用于实时监测街区的环境变化，为绿色管理提供数据支持。遥感、地理信息系统和空间定位系统三者的集成应用可以形成一个强大的信息分析平台，综合利用遥感数据、地理信息和空间定位数据，以进行多维度的空间分析。

## 小 结

本章围绕在绿色街区中可运用到的信息化与模拟分析技术进行了深入探讨。首先介绍了空间形态分析技术中如何利用空间句法和空间数据对绿色街区的空间构型及要素进行深入分析；其次通过环境模拟分析技术展现绿色街区在风、光、声、热等环境方面的特性。最后介绍了地理信息系统技术的应用，特别是多维地理信息技术，为绿色街区规划提供了强大的数据分析和可视化工具。通过综合运用这些技术，以期能够更好理解绿色街区的空间形态和环境特性，适应目前低碳实践中出现的各类问题和发展需要。

## 思考题

1. 空间形态分析技术中，空间句法如何帮助理解和评价城市或建筑的空间构型？请举例说明其在实际项目中的应用。
2. 环境模拟分析技术中，风、光、声、热四种环境模拟技术各有什么特点和适用场景？在实际应用中，如何综合考虑这四种环境模拟结果以优化设计方案？
3. 地理信息系统技术中的多维地理信息系统技术、集成建筑信息模型的地理信息技术以及综合遥感和空间定位技术的空间信息技术，在城市规划与建设中分别扮演怎样的角色？它们之间如何协同工作以提高规划决策的科学性和准确性？

## 拓展阅读

1. 数据库类网站

https://www.webmap.cn/main.do?method=index/ 全国地理信息资源目录服务系统.

https://www.resdc.cn/ 资源环境数据云平台.

2. 空间是机器——建筑组构理论. 比尔·希列尔著. 杨滔, 张佶, 王晓京译. 中国建筑工业出版社, 2008.

3. 城市意象. 凯文·林奇著. 方益萍, 何晓军译. 华夏出版社, 2001.

4. 现代城市设计理论和方法. 王建国. 东南大学出版社, 1991.

# 第5章 低碳循环绿色技术

全球气候变暖日益严重，低碳经济和可持续发展已成为当今世界的重要议题，建立健全绿色低碳循环发展经济体系，促进经济社会发展全面绿色转型，是解决我国资源环境生态问题的基础之策。在这一背景下，低碳循环绿色技术应运而生。本章重点介绍低碳循环绿色技术的三个方面：低碳节能技术、绿色建筑技术和环境友好技术。其中，低碳节能技术包含可再生能源技术、光储直柔技术、街区慢行系统设计和韧性基础设施设计四类；绿色建筑技术中，主要介绍保温隔热技术、零碳建筑、绿色建筑评价体系；环境友好技术涵盖通风廊道、屋顶绿化、鱼菜共生、垃圾可回收循环、其他技术。低碳循环绿色技术旨在减少活动对环境的负面影响，提高能源效率，促进资源循环利用，从而实现经济与环境的和谐共生。

## 5.1 低碳节能技术

### 5.1.1 可再生能源技术

可再生能源源自大自然，涵盖太阳能、风能、潮汐能和地热能等多种非化石能源，具有对环境的负面影响极小甚至无害，资源分布较为广泛，适宜就地开发和利用等特点。可再生能源主要包含太阳能、风能、地热能、水能、生物质能源等。但是，由于不同地区可再生资源禀赋差异较大，不同街区间建筑形态也各不相同，因此，需要因地制宜找到适用的技术，例如，光照条件充足地区可以积极推广光伏建筑一体化系统，在蒸汽余热资源地区可以试点实行余热废热的利用技术等。太阳能已经成为全球重要的清洁电力来源，本节不做过多介绍，主要对地热发电、水力发电、生物质能源发电和风力发电进行介绍（表5-1）。

目前，发电行业是二氧化碳排放的主要来源，尤其是燃煤电厂，其排放量约占我国二氧化碳排放总量的34%。为了实现能源安全和减排，可再生能源技术用作发电。

表 5-1 可再生能源技术对比

| 技术类型 | 优　点 | 缺　点 |
| --- | --- | --- |
| 太阳能发电 | ①资源分布广泛；<br>②太阳能电池板的成本逐渐降低，技术不断进步 | ①日夜和天气变化影响太阳能发电效率；<br>②需要大量空地或屋顶空间来安装太阳能板 |
| 地热发电 | ①不受气候变化和季节影响；<br>②资源丰富，可以实现稳定供应 | ①地热资源集中分布在地热带，不适用于所有地区；<br>②需要大量资金用于地热井开发和地热发电站建设；<br>③地热开发可能会引发地质灾害 |
| 水力发电 | ①资源丰富，可靠性高，发电稳定；<br>②水力发电厂具有较长的寿命和较低的运营成本 | ①水力发电站的建设成本较高，需要长期回收投资；<br>②水坝建设可能会导致生态破坏和生物多样性丧失 |
| 生物质能源发电 | 来源广泛，可利用农作物残余物、木材、废弃物等作为原料 | ①生产和利用过程中可能会产生空气污染和土壤污染；<br>②资源有限，过度开发可能导致生态系统恶化和土地荒漠化；<br>③成本较高 |
| 风力发电 | ①资源丰富，分布广泛，适合在海岸线和高原等地区开发；<br>②技术成熟，投资回报周期较短 | ①风速不稳定，风能发电的可靠性受季节和地点的影响；<br>②风力发电设备的制造和安装成本较高 |

### 5.1.1.1 地热发电

地热发电技术利用地球内部热量来产生电力或为建筑供暖，是可持续能源领域大有前途的一项技术。这类系统在火山区或者地热带等地热活动比较频繁的区域最为适合（朱祥亮，2024）。冰岛是世界上最为典型的地热能利用国家之一。该国地热资源丰富，因此地热能在该国的应用非常广泛，利用地热能供暖、发电以及温室种植等，涉及多个领域。例如，雷克雅未克（Reykjavík）的地热供暖系统是世界上最大的地热供暖系统之一，当地几乎所有的居民都使用地热供暖，从而大大减少了对化石燃料的依赖。

地热发电是把地热能转变为机械能，然后再将机械能转变为电能的过程。利用地下热能，需要借助"载热体"，如地下的天然蒸汽和热水，这些载热体将热能带到地面，进而用于发电（李红叶，2011）。地热资源的温度越低，其热转换效率也就越低。因此，地热发电对地热资源温度的要求较高，一般要求地下热水或蒸汽的温度达到特定的范围，否则其经济性就很难保证。在缺乏高温地热资源的地区，中低温（如100℃以下）的地热水也可以用来发电，只是经济性较差。

### 5.1.1.2 水力发电

水力发电厂通过涡轮发电机将流动水的动能转化为电能（图5-1）。水力发电涉及四个步骤：水能转换为机械能——水轮机工作——发电机工作——能量传输。首先，利用河流或湖泊的水流落差，建造水坝或其他水工建筑，形成高水位和低水位之间的压力差或重力差。接着，在高水位处设置水轮机，水轮机通过叶片的弯曲，使得水流带动叶片转动，从而将机械能转换为水轮机的机械能。然后，水轮机的机械能传递给发电机，发电机内部的电磁感应现象进一步将机械能转换为电能，产生电流。最后，发电机产生的电能通过输电线路输送到用户，完成整个水力发电到用电的过程。水力发电不仅是一种高效的能源形式，而且是重要的再生能源，因为它不依赖于化石燃料，因此不会对环境造成污染。

图 5-1　水力发电流程图

三峡水电站，即长江三峡水利枢纽工程，又称三峡工程，是湖北省宜昌市境内的长江西陵峡段与下游的葛洲坝水电站构成的梯级电站。它是一座以防洪为主，兼具发电、防洪、灌溉等多功能的大型水利枢纽工程，是世界上单体容量最大、总装机容量最大的水电站。其运行原理为：高程185m的三峡大坝将长江截流后，大坝两侧的上下游形成了巨大的水位落差，上游的蓄水水位在175m左右，巨型水轮发电机就安装在三峡大坝的下游。江水从上游倾泻而下，经过巨大的混凝土隧道流向水轮发电机，水流释放的巨大能量带动水轮发电机快速旋转，转化成电能。在三峡电站的左右岸厂房和地下厂房中，共安装有32台单机容量$70×10^4$kW和2台单机容量$5×10^4$kW的水轮发电机组，是全世界装机容量最大的水电站。

### 5.1.1.3　生物质能源发电

生物质能源利用方式多种多样，其中发电技术是目前应用最多、规模利用生物质能最有效方法之一，主要利用有机材料如木材、干树叶、农作物废弃物等来发电或生产生物燃料，因其可以再生或补充，被认为是可再生能源。在锅炉中燃烧生物质产生的高压蒸汽可使涡轮发电机旋转。目前，生物质发电技术应用最多的是直接燃烧蒸汽发电和生物质气化发电（表5-2），我国现阶段生物质能发电以中小规模的生物质气化高效发电技术为主。

表 5-2　常见生物质发电技术方法及对比

| 生物质发电技术 | 概念 | 优点 | 缺点 |
| --- | --- | --- | --- |
| 直接燃烧蒸汽发电 | 将生物质作为燃料，通过燃烧产生高温高压的蒸汽来驱动汽轮机发电 | 大规模应用下效率较高 | 要求废料集中，为了满足现代化大农场或大型加工厂的需求，废物处理必须达到足够的数量处理能力等，对农业废弃物较分散的发展中国家和地区不适用 |
| 生物质气化发电 | 将生物质资源进行气化处理，将其转化为气体燃料，进而作为燃料用于发电 | 使用灵活，中小规模应用下效率较高 | 在应用中存在生物质物料运输、贮存、燃烧结焦、产生含焦废水、尾气难以回收等问题 |

Drax发电厂位于英国，是世界上最大的生物质发电厂之一。该发电厂原本是一座燃煤发电厂，但随着对环保的要求越来越严格，Drax公司将其改造成了生物质发电厂。现在，Drax发电厂主要使用木屑、木片和农作物秸秆等生物质作为燃料，通过燃烧产生蒸汽驱动发电机发电，为数百万英国家庭提供清洁电力。在我国，江苏省生物质能源利用示范项目利用江苏省丰富的秸秆和农作物废弃物资源，建成了生物质能源利用示范厂，采用生物质气化技术，将废弃物转化为合成气体，用于供热、热水生产和生物燃料生产等，有效解决了废弃物处理和能源供应的问题，促进了当地的可持续发展。

#### 5.1.1.4 风力发电

风力发电技术是一种利用风的动能将其转化为电能的可再生能源技术。其基本原理是：当风吹向风力机的桨叶时，风的动能使得桨叶旋转，桨叶通过轴传递机械能给发电机，发电机进一步将机械能转化为电能。这些电能经过一系列的处理（如整流、逆变、升压等）后，最终输送到电网中供用户使用。

甘肃酒泉风电基地是我国首个千万级风电基地。自2004年起，酒泉风电进入快速发展阶段。2008年，国家发展和改革委员会批准了酒泉千万千瓦级风电基地规划报告，标志着该基地成为国内首个获批的千万千瓦级风电基地。随后，酒泉风电基地建设全面启动，并经历了大规模快速发展。此后，酒泉风电基地不断扩建，逐步实现了千万千瓦级风电装机目标。2021年6月24日，酒泉千万千瓦级风电基地正式建成，全市建成并网风电装机达到$1045\times10^4$kW，占全国风电装机的3.7%，占全省风电装机的71.9%。项目建成后，每年节约标准煤$25\times10^4$t，对改善大气环境具有积极作用。其建设和运营对于推动我国风电产业的发展、促进能源结构调整和节能减排等方面都具有重要意义。

### 5.1.2 光储直柔技术

发展建筑的光储直柔新型配电方式，包括光伏发电（P）、高效储能（E）、直流输电（D）、柔性用电（F）四个要素，是平抑电网波动、有效消纳可再生能源、实现建筑"碳中和"的有效手段。光储直柔的核心在于使建筑刚性负载柔性化，增加建筑灵活调节能力，促进建筑自身节能，有效缓解城市电网负荷压力。"光"指运用太阳能光伏技术作为建筑中的能量来源。"储"指应用于建筑中的储能技术，不仅包含生活热水的热能储存，而且延伸至电化学储能机制及利用建筑围护结构的热惰性特性进行能量存储等多元化手段。"直"是将低压直流配电系统应用于建筑中。"柔"是光储直柔这一新型配电方式的最终目标，指在建筑内部使用的柔性用电技术。此技术通过精细调控建筑设备的控制策略，促使整个建筑电力系统从传统的刚性负载模式转变为更加灵活多变的柔性负载体系，增加家用电器的操作灵活性（刘陈琳，2023）。

#### 5.1.2.1　城市光储直柔

鉴于城市建筑群对电力的高度依赖性和巨大需求特性，单纯依赖光伏能源往往难以满足其所有电力消耗。城市光储直柔中，系统将配电网与充电桩相连。该系统不仅促进了建筑内部电力调蓄潜力的最大化利用，还具备能够根据电力供需情况调整其电力输入输出的能力。通过这种方式，城市电网的调蓄能力得到了显著增强。

深圳市未来大厦项目位于龙岗区，作为全国首个规模化应用光储直柔技术的项目，总投资近7亿元，总建筑面积达到$6.29 \times 10^4 m^2$。该项目采用光储直柔技术，建筑创新性地融合了多重绿色科技，包括自然通风设计、优化采光布局、外置遮阳解决方案、太阳能光伏发电系统、直流供电环境、高能效设备应用以及先进的锂电池储能技术，这一系列集成措施显著降低了建筑对于电力的依赖与配电系统的容量需求。建筑表层的光伏发电系统可在光照充沛的白天将光能转化为电能，为除特殊运行需求设备（如电梯、消防水泵）之外的所有电器设备供电。夜晚，建筑内的蓄能系统利用日间储存的电能，为建筑内部各项设施供电，实现了清洁能源的高效利用。此项目的成功实施不仅带来了显著的环境和经济效益，也为其他商业办公建筑提供了宝贵的参考和示范。

#### 5.1.2.2　农村光储直柔

农村光储直柔有效运用农村屋顶空间安装光伏设备，推动农用车、烹饪及供暖等传统依赖燃煤、燃油、燃气或生物质能的家用设备实现全面电气化，着重于构建以光伏发电为核心的新型农村电力网络。在农村地区，推行以光伏发电为主的新型能源系统，通过在村庄屋顶部署光伏板等发电设备，旨在推动家庭用电的全面电气化转型，减少对煤炭、石油、天然气等传统化石燃料的依赖。这一系统不仅促进了农村电力的自给自足，还允许居民将富余电力销售给电网，实现了从单纯电力消费者向生产者角色的转变，促进了能源使用的双向互动与经济的绿色增值。

山西省芮城县东夭村项目位于山西省西南部，该地拥有得天独厚的光照条件，拥有丰富的屋顶资源，为光伏设备的安装提供了有利条件。该项目通过低压直流供电技术，将分布式光伏收集的能量经储能转化后供应给村民家中的各类直流家电。每户家庭都是一个独立的微电网，当多个这样的家庭聚集时就共同构成了一个低压直流配电系统。电能首先在家庭内部进行优先分配和使用，以满足基本的用电需求。若电能出现不足或过剩的情况，系统会通过集中并网点与交流电网进行交互，从而确保新能源能够在当地得到最大程度的利用。这一项目可为村民降低电费支出，并带来额外的售电收入。

### 5.1.3　街区慢行系统设计

街区慢行系统是一种城市规划和交通设计的理念，旨在创建更为宜人、可持续和安全的城市空间，主要指以步行与自行车出行为主体的交通模式（韩佳琦，2022）。步行系统与非机动车系统构成了慢行交通系统。慢行交通系统以步行、骑行和公共交通为主导，有效缓解快慢交通冲突，改善慢行出行者的通行环境，鼓励居民选择"步行+公交"或"骑行+公交"的便捷出行模式。街区慢行系统是一种无能源消耗、无污染的绿色交通方式，具有灵活、短距离、节约用地等优势。

慢行系统的主要组成部分为慢行主体、慢行空间和慢行行为，包括城市步行、非机动车及相关的配套设施。人作为使用者与服务者，是慢行活动的主体。慢行空间可细分为两类：交通性慢行空间、非交通性慢行空间。交通性慢行空间主要是为了满足人们日常出行的需求，指人行道、自行车道以及过街设施等；非交通性慢行空间主要服务于休闲游憩等目的，如滨水休闲区、繁华的商业步行街和公园等。慢行行为主要为连接慢行空间与慢行主体的动态元素，不仅满足了部分通勤的需求，还提供了诸如休闲、锻炼、购物、社交以及游玩等多种功能，丰富了人们的生活体验。

#### 5.1.3.1 道路横断面设计

道路横断面是指道路中线上各点垂直于路线前进方向的竖向剖面。道路横断面设计是根据道路的用途，结合当地的地形、地质、水文等自然条件，来确定横断面的形式、各部分的结构组成和几何尺寸的过程（聂重军，2013）。道路横断面设计时，首先应根据道路的等级、交通量、车辆类型等因素确定道路横断面类型。通过合理规划车行道的数量和宽度，实现机动车与非机动车平衡共享的同时，在道路两侧设立绿化带，既美化环境，又提高非机动车道的安全性。通过设置行人信号灯、提高人行横道的可见性等手段，确保行人能够安全穿越道路，打造行人友好的交叉口。采用流畅的交叉口平面设计，减少交叉口的复杂性，降低交通事故风险。同时，在海绵城市建设上，城市道路横断面精细化设计预期的效果是最贴合人们对城市交通建设和道路建设的现阶段理想状态（林晓敏，2022）。

福建省福州市平潭综合实验区和平大道（高铁中心站—苏平路）工程路在海绵城市构建理念的引导下，针对城市道路横截面的各类基础设施进行了详尽且深入的精细化规划与设计，旨在实现雨水管理、环境保护与城市建设的和谐共生。透水铺装、下凹式绿化带是海绵城市道路设计主要包含的两方面内容。在透水铺装的设计方面，充分考虑面层材料的特性，选择透水水泥混凝土作为非机动车道的铺装材料，确保雨水能够迅速渗透；人行道选用透水砖，以达到相同的透水效果。同时，下凹式空间设计策略，能够有效促进雨水的自然积存。这一创新方法不仅增强了城市对雨水的吸纳与利用能力，还促进了生态环境的良性循环。在雨水渗透与蓄积的过程中，该设计有助于削减雨水径流的峰值流量，有效缓解城市排水系统的压力，同时促进地表污染物的自然沉降与净化，为城市生态环境的改善贡献了重要力量。

#### 5.1.3.2 交叉口和过街设计

交叉口是两条或两条以上道路的交会处，按交叉方式可分为平面交叉和立体交叉。

作为城市交通网络的核心枢纽，街道交叉口不仅是人流与车流密集交织的关键地带，更是公共活动汇聚、文化气息交融的活力空间。其高度公共化的特性，使之成为展现城市风貌、体现地域特色的重要地标，承载着丰富的社交功能与象征意义。生活性街道的交叉口具有积极的场所属性，作为两条或多条不同方向生活街道的交会点，这里不仅是车辆流动的交通枢纽，更承载了步行、交流、休闲、商业等多重功能。依据使用群体的活动分布范围，可以将交叉口空间分为车行区（机动车与非机动车）、过街区和步行区（陈泳，2023）。过街设计是城市交通规划中的重要组成部分，设计时，需遵循安全性、高效性、舒适性、系统性等原则。

西安市南北中轴线长安路南段的电视塔环岛全长约2km，是西安市重要的商业、文化中心。由于环岛北口未设置行人、非机动车过街通道，导致行人步行距离过长，交通事故频发。通过增设人行横道与非机动车过街通道及利用中央绿化带位置设置行人二次过街安全岛等一系列优化措施，有效降低了环岛北口的行人过街时长，提升了行人过街的安全性。同时，中央绿化带的设置还有助于改善城市的微气候与道路沿线的环境质量。

#### 5.1.3.3 无障碍设计

步行空间作为人们日常参与社会活动的重要载体，其无障碍环境建设在一定程度上反映社会文明建设。无障碍设计是指在建筑、交通、信息通信等领域，考虑所有人的需求和能力，设计和构建具有适用性、便利性和安全性的环境、设施和服务，确保无论使用者的身体状况、感知能力还是认知能力处于何种水平，都能平等地参与并享受其中。例如，针对老年人和残障人士，设置无障碍通道、坡道和电梯，确保城市空间对所有居民都具有包容性；将声音导向系统引入无障碍设计系统，可为视觉障碍者提供交通信息，提高其出行的便捷性。无障碍设施的绿色设计是构建全龄友好、共享包容社会环境的重要组成部分。不仅关注残疾人和老年人的通行便利，还强调与自然环境的和谐共生，以及对资源的节约和高效利用。在设计中，应关注无障碍景观植物设计、设施材料节能与环保、残障人士的通行便利与安全及舒适性与人性化等要素。

深圳市福田中心区在5.3km$^2$的区域范围内，启动了一项针对多条道路及周边公共空间的创新设计项目，旨在构建一个面向未来、绿色生态、安全无忧、舒适便捷，并融入智慧技术的无障碍步行区。本次改造中，首先，全面优化区域中的无障碍设施系统，确保设施系统更加周到完善；其次，通过构建生态走廊以缓解热岛效应，最大化整合利用路口、路侧、地铁出入口碎片绿地，打造全龄友好公园；最后，福田中心区积极利用智慧城市技术，以提升无障碍出行体验，如多杆合一建设、地面红绿灯、盲人钟、感应式行人过街信号灯等。在设计过程中，充分利用热力图等大数据信息作为设计依据，对车流量较小车道进行改造，以扩大步行通道宽度，保障行人安全性和过街舒适性。在智慧社区的探索中，项目试点在中心区设置了38个红绿灯路口的交通盲人钟，并通过视频人工智能（AI）技术对道路行人中的弱势群体步态特征进行精准捕捉与分析。基于此，系统能够智能地预判并动态调整交通信号灯时长，在保障交通流畅的同时，为这些需要更多关怀的行人提供充足的马路通行时间，从而大大增强了道路通行的安全性与人文关怀。

## 5.1.4 韧性基础设施设计

韧性通常是指在遭受巨大压力（或灾害冲击）时，能够保持原始状态不变或者在受损后恢复到原始状态的能力，即能够抵御风险、承受压力的能力。城市作为"社会-生态"领域的重要组成部分，在不断扩张的同时，也面临着来自内外部各方面的风险，因此，"城市韧性"的概念应运而生（张士菊，2024）。城市韧性的提升与基础设施建设息息相关，优化基础设施韧性，就是要加强智能化改造，提高维护能力，保障城市基础设施（交通、电力、燃气、信息、给排水等）在极端环境或突发状况下维持其稳定且高效的运行能力。

基础设施的韧性在海绵城市建设中充分体现，其指通过城市规划、建设的管控，从"源头减排、过程控制、系统治理"着手，综合采用"渗、滞、蓄、净、用、排"等技术措施，全面平衡与协调一系列要素的关系，包括水量与水质的精细管理、生态与城市建设的和谐共生、城市景观与实用功能的协调，以及地上空间与地下设施、水域岸线与周边环境的紧密衔接，以精准调控城市降雨径流，力求使城市开发活动对自然水文特征和水生态环境负面影响最小化，赋予城市如同"海绵"般的特性，在面临环境变化以及自然灾害时，能够灵活应对各种挑战，保持其稳定性和恢复力，具有良好的"弹性"（章林伟，2019）。海绵城市的建设与基础设施的韧性程度息息相关。目前我国城市内涝的问题严峻，推进海绵城市建设，加强城市河湖、湿地水系的保护和修复，运用微地形、雨水花园、下凹式绿地、人工湿地等方式，将人工与生态手段相结合，避免城市内涝，是绿色视角下增强城市韧性的重要手段。

### 5.1.4.1 下凹式绿地

下凹式绿地是一种环境友好的雨水管理策略，其核心在于构建一系列绿地区域，这些区域的地形设计比周边地面稍低，以此作为自然积存与渗透雨水的有效设施集合。此类设计旨在最小化对自然环境的干扰，通过模拟自然水文过程来优化雨水资源的利用与管理。作为低影响开发技术之一，下凹式绿地是对绿地高度低于周围地面高度的雨水管理系统的统称。狭义的下凹式绿地即指低于周边道路或地面200mm以内的绿地。下凹式绿地由植物和填料两个部分组成，通过下渗、滞留、吸附等作用实现调节地表径流、削减径流污染物、补充地下水等目的。此外，下凹式绿地还能够调节环境，具有有效降低噪声、吸尘降尘、缓解城市微气候等功能（李景文，2019），展现出广泛的适应性，能够灵活应用于公园绿地、居民住宅区等多种环境之中。在构建海绵城市的进程中，下凹式绿地具有广阔的应用前景。

下凹式绿地一般下凹100~200mm，表面种植植物，系统结构自上而下依次为蓄水层（100~200mm）、种植土层（250mm）和原土，雨水口一般高出绿地50~100mm。底部一般设有排水系统，此外，通常还包括进水预处理的附属设施。

### 5.1.4.2 雨水花园

雨水花园作为一种独特的绿色空间设计理念，通过巧妙调控与利用雨水及其径流，旨在实现雨水收集与高效利用的双重目标，促进雨水的深层渗透，从而有效缓解城市地表径流压力。降雨后，雨水流入雨水花园，被土壤和植物吸收、净化，其内部蕴含着模拟自然健康水文功能的多元过程组合。雨水花园有两种基本类型，一种偏重雨水的下渗，另一种偏重雨水的储存。在设计过程中，需结合场地实际情况，因地制宜选择基本设计类型。雨水花园通常建设于道路、公园、社区等地，不仅有助于改善城市水文循环，减缓雨水流速，降低洪涝风险，同时还能提升城市绿化水平和生态环境质量。

位于美国波特兰市西南方位的12号大道，作为城市交通的主动脉，其一项创新设计尤为引人注目。该设计巧妙地将传统道路布局中的车行道与人行道间隔区域转化为功能性雨水花园，具体由四个精心构建的、运用生态滞留池技术的低洼绿地空间组成。在改造设计中，传统道路布局中的车行道与人行道间隔区域被巧妙地改造为雨水花园。首先，系统设计将园林设施作为处理雨水的核心，辅以水利设施，如传统雨水管网作为最终保障。通过规划人行道与车道间的绿化带，构建园林种植区，实现雨水的收集、净化、径流流速减缓及下渗等目标。其次，在功能上，设计聚焦于雨水的储存与下渗，同时辅以必要的排放措施，确保系统平衡运行。场地内，源自约800$m^2$不透水车行道的雨水径流，被四个雨水花园高效储存，并利用植物与土壤的天然净化与渗透能力对其进行处理。当水量超出处理能力时，剩余的雨水会通过市政排水管网进行排放，确保系统稳定运行。设施布局方面，12号大街沿线布置的多个生态滞留池，能够利用地形高差差异有效调控不同流量的雨水径流。滞留池内栽植了适应水淹与干旱条件的多样化植被，这些植被不仅增强了雨水管理能力，确保街道长期免受水淹之苦，而且显著提升了街道的整体景观美感。设计建成后，以每年成功处理约700$m^3$的雨水径流量而获得了美国景观设计师协会（American Society of Landscape Architects，ASLA）的优秀奖。此项目不仅在高效处理雨水径流的同时，也重塑了道路景观，彰显其在可持续城市水管理领域的较大贡献（宋珊珊，2015）。

## 5.2 绿色建筑技术

### 5.2.1 保温隔热技术

超低能耗建筑作为实现碳达峰、碳中和目标的关键技术策略，具有能源消耗较低、环境品质较高等特点。优化建筑围护结构的热工性能，如对高层住宅中占据最大外表面积比例的外墙部分进行优化，是降低建筑能耗的有效途径。建筑保温在聚焦于建筑外围护结构的同时，通过实施一系列措施，可有效抑制室内热量向外部环境流失，以达到节能减排和营造舒适室内热环境的目的，对创造适宜的室内热环境和节约能源有重要作用。目前，采用的建筑外墙保温技术形式主要包括外墙内保温技术、外墙外保温技术、内外混合保温技术、自保温技术。

#### 5.2.1.1 外墙内保温技术

外墙内保温工程，是指在外墙结构的内表面增设保温层的一种保温措施。外墙内保温工程的保温材料种类繁多，包括但不限于石膏、聚合物砂浆、混凝土和加强水泥等。长期以来，我国在外墙内保温技术方面积累了丰富的经验，拥有相对完备的配套技术和标准。但此技术在某些方面仍存在一定的不足之处，外墙内保温技术优缺点见表5-3所列。

表 5-3 外墙内保温技术优缺点

| 优 点 | 缺 点 |
| --- | --- |
| ①保温材料丰富多样；<br>②施工技术成熟、配套检测技术和标准完备；<br>③对基层墙面平整度要求较外保温要求低；<br>④施工快速，不受天气等气候因素影响 | ①若不对建筑热桥部位进行特殊处理，可能会出现结露、空鼓、开裂甚至发霉等问题；<br>②保温层过厚会占用较多室内空间；<br>③与传统建筑室内抹灰强度相比，内保温板材的强度较低，承重能力有限 |

#### 5.2.1.2 外墙外保温技术

外墙外保温技术是一种关键的建筑节能手段，它通过在建筑物外墙的外侧安装保温层，有效地减少了室内外之间的热量传递，从而显著提升建筑的保温性能。这种技术不仅能够降低冬季室内热量的散失，减少取暖能耗，还能在夏季减缓室外热量向室内的渗透，降低空调能耗，实现全年节能效果。其优缺点见表5-4所列。

表 5-4 外墙外保温技术优缺点

| 优 点 | 缺 点 |
| --- | --- |
| ①可确保建筑主体的稳定性；<br>②可抵御环境温度变化和紫外线侵害，显著延长建筑物的使用寿命；<br>③能够有效预防和解决室内墙面的湿气与凝结问题，提供更加舒适的居住环境；<br>④蓄热能力较内保温强，室温波动时，保持室内温度的相对稳定 | ①外墙外保温施工需要在室外进行，受天气、环境等因素影响较大，施工难度相对较大；<br>②一些传统保温材料在生产过程中会对环境造成一定影响，如释放有害气体、产生废弃物等 |

### 5.2.1.3 内外混合保温技术

建筑外墙内外混合保温技术是一种较为灵活的施工方法，它根据施工需要和建筑特点，对不同位置分别采用内外保温措施。具体而言，对于适合外部保温处理的区域，进行外部保温施工；而对于适合内部保温处理的区域，则进行内部保温施工，以达到最佳的保温效果（任星奕，2018）。内外混合保温技术优缺点见表5-5所列。

表 5-5　内外混合保温技术优缺点

| 优　点 | 缺　点 |
| --- | --- |
| ①施工便捷、进度快，内外混合保温施工可以在建筑内外同时进行施工；<br>②内外混合保温施工使建筑物内外都处于保温层的保护之中，整体温度较为平衡 | 建筑物墙体的不同部分所承受的温差、变化速率和应力强度各不相同，从而使建筑物处于不稳定的状态，对建筑结构自身的危害较大 |

### 5.2.1.4 自保温技术

自保温体系主要通过使用具有保温性能的单一墙体材料来实现建筑的保温需求。在选择自保温材料时，应充分考虑建筑所处的气候区域特点、结构形式以及保温性能要求等因素。同时，还应注重材料的环保性、耐久性和经济性等方面的综合考虑。在我国，陶粒自保温砌块、泡沫混凝土砌块等是常见的自保温材料。自保温技术具有成本较低和工期较短的优势。当前该技术仍处于发展的初期阶段，需要在技术和经济层面进一步探索和优化，在追求节能效果的同时确保经济的可持续发展。为此，需充分考虑地域特点和材料来源，以提高自保温材料的性价比，从而更好地实现节能与经济的双赢（缪东东，2023）。

## 5.2.2　零碳建筑

在西方，零碳建筑被称为"净零碳建筑"（net zero carbon buildings，ZCB），其中，"零"理想化地指代建筑不直接排放任何碳，"净零"则是指建筑在运行过程中产生的碳排放可以通过采用一定的技术手段抵消这部分碳排放（裴黎红，2019）。在我国，零碳建筑指碳排放量为零的建筑物，这些建筑能够自给自足地利用太阳能或风能等可再生能源，从而独立于传统电网运行，要求在不消耗化石能源的同时由物理边界内的可再生能源作为整栋建筑的能量供给来源。然而，现阶段的技术手段仅可能在几栋建筑、社区或小镇范围内实现，并且依赖充足量的可再生能源、高效的储能设备以及智能微网系统的协同运作。

英国在2003年提出低碳经济这一概念，逐步为众多国家接受。近年来，建筑业也在不断探索低碳绿色的建造方式。发展零碳建筑，是实现碳中和、碳达峰目标的重要手段之一（冯国会，2023）。图5-2展示了绿色低碳迈向零碳的路径。

零碳建筑关键性技术包含高效节能、智能控制与绿色建筑材料等技术。

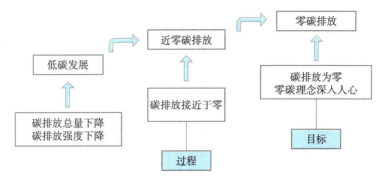

图 5-2　绿色低碳迈向零碳的路径（改绘自冯国会 等，2023）

#### 5.2.2.1　高效节能技术

高效节能技术是指通过应用先进的技术手段，减少能源的消耗，从而达到节约能源的目的。建筑能源管理系统（building energy management system，BEMS）是实现高效节能的核心技术口，是一种集成了先进技术和控制策略的系统，旨在提高建筑物的能源效率、降低运营成本，并提升室内环境的舒适性和安全性。该系统通过收集、分析和处理来自建筑物内各种设备和系统的数据，实现能源使用的精细化管理。BEMS的主要功能有：①能源监控。建筑能源管理系统能够实时监测建筑物的能源消耗情况，包括电力、燃气、水等资源的使用情况。通过数据分析，系统可以识别出能源浪费的源头，并提出相应的改进措施。②环境监测。建筑能源管理系统通过先进的传感器和监测设备，可以监测建筑物内的环境参数，如温度、湿度、空气质量等，确保室内环境的舒适性和健康性。③安全管理。该系统具备安全监控功能，可以实时监测建筑物的安全状况，如火灾报警、入侵检测等，并采取相应的应急措施。④数据分析与报告。建筑能源管理系统能够生成详细的能源消耗报告和能源使用趋势分析，帮助管理者了解建筑物的能源使用情况，制定更加合理的能源管理策略。作为建筑业迈向更高效、绿色和可持续能源管理的重要工具，建筑能源管理系统为未来的可持续发展提供了坚实的支持。

霍尼韦尔是在第六届中国国际进口博览会上推出的全新智能建筑能源管理系统，这一系统由霍尼韦尔中国团队针对中国建筑市场的能源管理需求而研发，旨在提升智能建筑能效，促进节能减排与可持续发展。该系统优势显著：首先，系统能够实时监测能源使用情况，精准识别能耗浪费点，并据此提供科学的优化建议，有效帮助降低能耗与运营成本；其次，通过智能算法优化能源系统的运行，可进一步减少能源浪费，提升整体运行效率，助力低碳环保事业；最后，系统可提供实时数据监测与报告，助力管理员高效决策，实现楼宇能源管理的精细化，为楼宇的节能减排和可持续发展提供了坚实的技术支持。

#### 5.2.2.2　智能控制技术

智能控制技术在零碳建筑中的应用，可以帮助建筑物更加高效地利用能源，减少对环境的负担。主要体现在：①环境调节：它能够对建筑物的环境参数进行智能调控，如温度、湿度和通风等，有效降低能源消耗，实现舒适与节能的双重目标。②照明优化：该技术根据室内光线强度及使用情况，智能调节灯光的亮度与色温。其具备的智能开关功能，能够依据实际需求控制灯光开启与关闭，进一步提升节能效率。③水资源管理：智能控制技术也展现了其独特价值，通过运用自动监测技术，可以精准掌握建筑内水的流量与质量信息，实现水资源的高效与精细化管理。此外，通过对雨水的有效收集与循环利用，显著减少了对外部自来水的依赖，为建筑的环保实践与可持续发展目标注入强劲动力。

阿布扎尔塔（AlBahar Towers）位于阿联酋首都阿布扎比，高145m，是一座可调节控温的智能建筑。阿布扎尔塔是智能控制技术在零碳建筑应用的典型代表之一，它采用了动态遮阳外立面设计，该设计凭借其良好的散热性，有效降低了空调的使用频率，减少了建筑所受太阳光热影响的50%。进而能够减少高达1750t的碳排放量。此外，其外立面配备了一个智能系统，完全由计算机控制，可以自动适应不断变化的天气条件。

#### 5.2.2.3　绿色建筑材料

在零碳建筑中，绿色建筑材料技术的应用十分广泛。这些材料在其生产、使用和回收过程中，对人体健康和环境影响较小，具有节能、环保、耐久等特点。绿色建筑材料在可持续城市建设中的应用主要包含在节能环保领域的应用、在优化室内环境中的应用以及在促进资源循环利用方面的应用等方面。在节能环保领域，使用高效绝缘材料（如聚氨酯泡沫和矿物棉）和绿色屋顶技术，能有效减少能源消耗和碳排放量，调节建筑内部温度，进一步优化能源使用效率；室内环境中，使用由低挥发性有机化合物制成的绿色建筑材料及天然建筑材料（如竹、木材和石材），能够有效优化室内环境，增强温湿调节功能；资源循环利用旨在减少对新原材料的需求，最大限度地利用现有资源，并降低建筑废弃物对环境的影响。在建筑行业中，选择可回收和可再生资源（如再生木材和回收金属），以及在建筑的设计和施工阶段采用模块化和可拆卸的设计理念，能够最大限度地利用现有资源，并降低建筑废弃物对环境的影响。

Clock Shadow Building位于美国密尔沃基，是一座体现社会公平和具有环境可持续性发展的建筑。首先，在材料选择方面，大厦采用了废弃的材料进行建造，这一做法不仅减少了资源浪费，还体现了循环经济的理念。其次，在能源利用方面，大厦采用了自然的加热和冷却方式，降低了对传统能源的依赖。大厦所需热量的70%由屋顶太阳能热水器提供，进一步减少了能源消耗。最后，通风设计也是大厦的一大亮点。通过通风廊和灯光监视器等设计，最大限度地提高了楼宇的自然通风效果，并引入自然光，减少了对照明系统的依赖。

### 5.2.3　绿色建筑评价体系

20世纪90年代至今，世界多个国家为评估建筑生态性，先后制定了各自的评价体系（表5-6）。绿色建筑评价标准对绿色建筑设计有指导作用，标准体系的指标内容主要包括水资源质量、场地设计、能源与环境、室内环境质量等。

表 5-6  各国绿色建筑评价体系相关信息

| 评价体系 | 国家 | 评价结果等级 | 评价指标 |
| --- | --- | --- | --- |
| 《绿色建筑评价标准》（GB/T 50378—2019） | 中国 | 四个等级 | 安全耐久、健康舒适、生活便利、资源节约、宜居环境 |
| 建筑研究机构环境评估方法（BREEAM） | 英国 | 四个等级 | 管理、能源、交通、污染、材料、水资源、土地使用、生态价值、身心健康 |
| 德国可持续建筑委员会（DGNB） | 德国 | 三个等级 | 环境质量、经济质量、社会文化及功能质量、技术质量、过程质量、区位选择 |
| 建筑环境效率综合评价体系（CASBEE） | 日本 | 五个等级 | 能源消耗、资源再利用、当地环境、室内环境 |
| 能源与环境设计（LEED） | 美国 | 四星级 | 材料与资源、能源与环境、室内环境质量和创新设计、场地设计、水资源 |

#### 5.2.3.1 健康舒适

健康舒适包括装修材料、水质、室内声环境与光环境、热湿环境、空气品质等对人体健康的影响。室内空气中污染物的浓度应满足《室内空气质量标准》（GB/T 18883—2022）或在标准基础上进一步改善。在设计中，声环境与光环境层面，应采取措施优化主要功能房间的室内声环境，确保主要功能房间的隔声性能良好。同时，应充分利用天然光，尽量降低室内人工照明时间。室内热湿环境方面，优化建筑空间和平面布局，改善自然通风效果，确保室内热舒适水平。

#### 5.2.3.2 资源节约

资源节约是我国绿色建筑发展的重点内容，主要包含节地与土地利用、节能与能源利用、节水与水资源利用等方面。在节地与土地利用方面，需通过控制住宅建筑的人均居住用地指标和公共建筑的容积率来优化土地使用。同时，积极开发利用地下空间，以科学合理的方式增加土地利用率，实现节约集约用地。在节能与能源利用方面，可再生能源如太阳能、风能、地热能、生物质能等能源的使用可减少传统能源的消耗；在美国能源与环境设计（LEED）、英国建筑研究机构环境评估办法（BREEAM）和德国可持续建筑委员会（DGNB）等绿色建筑评价标准中，"节水与水资源利用"是一项重要的二级指标。计算节水等级的分值或百分比，可通过统计使用人数、使用频次、灌溉量及清洁量作为基准，进而确定基准用水量，同时考量非传统水源的使用量，综合两方面数据得出最终结果。在设计雨水的收集与循环利用系统时，为调节控制水资源消耗量，确保废水得到及时收集与妥善处理，可引入双管道，以促进水资源的循环利用。

#### 5.2.3.3 生活便利

生活便利主要体现建筑内人员对周边公共服务设施、无障碍设施、智能化监测系统及物业运营管理等方面的需求。在设计中，注重中小学、医院及公园绿地等公共服务设施的服务半径，同时确保公交设施、自行车停车设施、无障碍等设施的便捷性。智能化应用方面，设置能源管理系统，对建筑能耗进行监测、数据分析、运行优化，可以在运行期间进一步节能；增设室内空气质量监测和水质在线监测系统，实时监测室内环境质量和水质，可为室内人员提供良好的室内环境与水环境，提升生活质量。物业运营管理方面，首先，应制定完善的节能、节水、节材及绿化的专项操作规程与应急预案，并定期对建筑运营效果进行全面评估，运用数据分析手段，精准识别运营过程中的低效环节与改进空间。基于评估结果，实施针对性的运行优化措施，持续提升运营效率与环保水平。其次，为深化绿色运营理念，还需建立绿色低碳教育宣传和实践机制，通过举办讲座、展览、工作坊等形式，普及绿色低碳知识，提升公众的环保意识。

## 5.3 环境友好技术

### 5.3.1 通风廊道

通风廊道是为城区引入新鲜冷湿空气而构建的通道，其旨在优化城市空间形态，结合科学保护城市开敞空间，促进局地空气流通，对缓解城市热岛效应、减轻空气污染、降低建筑物能耗和提高城市宜居性均有积极作用。而城市内部的功能布局、用地类型、空间形态、建筑高度和密度等因素在很大程度上会对通风廊道功能的发挥造成影响。通风廊道能够有效改善城市和街区内部的空气质量，新鲜的空气流通过廊道进入建成区，将污染物带走，从而使城市中的空气得以更新，减轻空气污染对居民健康的影响。在现代城市中，汽车排放、工业废气等污染源层出不穷，通风廊道为城市提供了一种绿色且可持续的解决方案。总体而言，通风廊道不仅在改善城市空气质量、提高城市宜居性方面发挥了积极作用，还在降低能源消耗、科学保护城市空间、缓解气候胁迫等方面取得显著成效。因此，在未来城市规划中，应更加注重通风廊道的设计和布局，充分发挥其在建设绿色、宜居城市方面的潜力。

#### 5.3.1.1 城市通风廊道

城市通风廊道已成为改善城市气候环境、保障居民生活品质的主要手段，相关建设需求渐趋增加。城市通风廊道规划是城市气象学在城市规划中的具体应用。在引导城市空间形态时，通过合理规划和设计，通风廊道可以引导风的流向，减少风的损耗。这不仅有助于提高城市的能源利用效率，还能够减轻自然资源的消耗。确保通风廊道不受建筑物过度封闭的影响，科学保护城市的开敞空间，成为优化城市空间形态的重要一环。

南京市依托山体与河谷等自然地理优势，在其总体规划中预留出六条生态廊道，作为城市呼吸的"巨型气孔"。这些生态风道不仅促进了郊外清新凉爽空气的顺畅流入，还有效地将城市中心区域热空气置换出城，实现了城市微气候的良性循环。在江南区域精心规划的三大生态通风廊道为：自紫金山至青龙山、再至黄龙山的通风长廊，方山至秦淮河的自然廊道以及牛首山、祖堂山与雨花台串联起的生态绿廊；在江北，同样布局了三条通风廊道风道：老山至长江、大厂至化工园和长芦、玉带至八卦洲的生态走廊。这些生态风道在宽度上展现出多样性，有的宽达三四千米，有的则仅有一两千米，而长度则普遍延伸至数十千米之远。为构建这些通风生态廊道，南京市充分利用了山体林地、蜿蜒河谷、湿地及绿地等自然资源，并辅以限制建筑高度等措施，打造开阔畅通的城市通风网络，为城市生态环境的优化奠定了坚实基础。

#### 5.3.1.2　街区通风廊道

通风廊道规划设计对城市内部的功能布局、用地类型、空间形态、建筑高度和密度等具有较为深远的影响。例如，在高密度建筑区域，可以通过合理的绿化带设计，有效减缓风速，提供更为宜人的居住环境。在城市中心区域，通过在高楼大厦之间设置开放的空间，形成通风廊道，不仅能够改善空气流通，还能为市民提供休憩的场所，丰富城市生活。目前，众多研究集中在城市通风廊道的构建方面，而对通风效能的研究很少，且忽略了中观尺度，如街区和街道。

在对安徽市中心城区老旧街区的风环境空间优化策略分析中（顾康康，2024），首先对城区通风效能进行分析，识别出通风效能最差的街区。随后，以街区单元为切入点，运用风环境模拟，采用六种通风评价指标识别通风效能的空间差异，根据对双岗街区的风环境模拟研究，研究从街区整体通风廊道形态、建筑空间及开放空间等多个方面，对街区密度、街区高度和街区走向等多个角度提出街区优化策略，为老旧街区生态化更新改造提供了理论和技术支持。

### 5.3.2　屋顶绿化

近年来，城市热岛效应不断加剧。屋顶绿化作为绿色技术的一部分，可用于街区防治热岛效应。狭义的屋顶绿化即屋顶花园，指以建筑物顶部平台为依托，将植物栽植在屋顶区域。而广义的屋顶绿化概念则更为宽泛，包括但不限于在建筑物的屋顶、阳台、建筑物的空中平台或构筑物、桥梁、大型人工假山等区域的顶部空间进行造园或种植花卉树木（黄金琦，1994）。

基于不同视角，屋顶绿化的分类具有多元化的特点。从多个维度对屋顶绿化进行类型剖析，有助于对建筑进行统筹设计，确保建筑设计在融入屋顶绿化元素时，达到最优效果（表5-7）。不同类型的屋顶绿化可以根据建筑的用途、环境特点和可持续发

表 5-7　屋顶绿化分类

| 分类依据 | 屋顶绿化类型 |
| --- | --- |
| 建筑使用功能 | 公共游憩型、营利型、住宅式、商务办公、酒店、医院等屋顶绿化 |
| 按建筑高度划分 | 单层建筑、多层建筑、高层建筑屋顶绿化；地下建筑屋顶绿化 |
| 开敞程度 | 开敞式、半开敞式、封闭式屋顶绿化 |
| 最终使用目的 | 以休闲、生态、科研、生产等为目的的屋顶；混合屋顶 |
| 屋顶构造划 | 平屋顶绿化、坡屋顶绿化 |

展的目标进行选择和组合。综合利用屋顶空间，将其转化为绿色生态区域，不仅有助于改善城市生态环境，还能为居民提供更多的休闲娱乐选择。下文对于屋顶绿化的介绍主要以使用目的为依据。

### 5.3.2.1　花园式屋顶绿化

花园式屋顶绿化引入各类花卉、灌木和小型树木，打造出类似自然花园的景观。这种绿化方式不仅能够提供美丽的视觉效果，还有助于吸引蜜蜂、蝴蝶等昆虫及鸟类，建立良好的生态系统。花园式屋顶绿化通常适用于住宅、商业建筑或公共建筑，为居民提供休闲娱乐的空间，同时改善建筑周围的空气质量。

荣获LEED金奖的美国华盛顿州州立学院的会议大楼是基于可持续设计策略实现花园式屋顶绿化的典型代表之一。在屋顶花园区域，为引导雨水、并使其得到有效利用，精心设计了排水沟和沼泽地。沼泽地将两个精致的庭院紧密相连，并巧妙地延展至一处临时构建的池塘边缘，不仅减少了雨水在园林景观中的流失，还进一步丰富了水循环与生态景观的多样性。屋顶花园的设计有效缩减了项目配套雨水收集设施的规模需求，绿化植被不仅美化了环境，还充当了天然的过滤屏障。此外，过滤系统使得收集的雨水能够经过层层净化流入预设的水库之中，最终和谐地融入整个绿色屋顶的生态系统，实现了雨水资源的有效利用与环境的和谐共生（和晓艳，2013）。

### 5.3.2.2　农业式屋顶绿化

农业式屋顶绿化将屋顶空间用于农业种植，包括蔬菜、果树、花卉等多种作物。这种绿化方式强调可持续农业和食物生产，有助于在城市中实现食物的自给自足。农业式屋顶绿化通常需要考虑土壤质量、排水系统和光照等因素，适用于追求城市农耕和绿色生态的建筑，如社区农场、研究机构等。

布鲁克林农场位于纽约市中心，这片占地约3716$m^2$的有机农场被巧妙地设置在一座六层仓库的屋顶上。农场被小型温室和大量建筑所环绕，宛如繁华都市中的一片绿洲，深受周边居民喜爱。布鲁克林农场的蔬菜种植土为一家宾夕法尼亚土壤公司生产的轻量土。这种土壤由有机堆肥和精心挑选的多孔石混合而成，多孔石经过特殊处理并添加了植物生长所需的微量无机物，为植物提供了理想的生长环境。有机土壤的利用使得农场产出的产品富含较高营养价值，即使在寒冷的冬季，农场也能通过种植如黑麦、荞麦、野豌豆和丁香等遮盖作物，实现有机作物的全年生产，为纽约市中心地区带来新鲜、健康的食材。

## 5.3.3 鱼菜共生

鱼菜共生是一种环保、高效且健康的综合农业发展模式，以生态循环理念为原理，巧妙地将水产养殖与蔬菜种植有机结合。在此系统中，分解处理的鱼类排泄物用以种植蔬菜；同时，蔬菜在生长的过程中，也可净化水体。通过两者间的生态平衡，实现了水体与有机废弃物的自然循环再利用（郭显亮，2024）。这一创新实践旨在达成"水产养殖无须频繁换水，蔬菜种植无须额外施肥，资源在系统中循环利用"的可持续发展目标，从而促进了农业生产的绿色转型与资源的高效利用。鱼菜共生系统在家庭式系统、都市农业、农村地区等不同场景下有着广泛的应用实践。

河北省衡水市景县龙华镇有一个集创新科技、环保理念与经济效益于一体的鱼菜共生循环种养项目。该项目利用先进的物联网技术和自动化控制系统，将水产养殖与蔬菜种植巧妙结合，形成了一套闭环的水循环系统。在这一系统中，鱼池内产生的富含养分的废水经过滤和硝化作用后，被直接用于灌溉蔬菜，既为蔬菜提供了必要的营养，减少了化肥和农药的使用，又实现了水资源的循环利用。同时，蔬菜在生长过程中净化了水质，为鱼类提供更加清洁的生长环境。该项目通过"企业+合作社+农户"的运营模式，带动了当地农户和村集体的增收致富，促进了农村经济的多元化发展。此项目不仅展现了科技创新在农业领域的巨大潜力，还体现出生态农业、循环经济与可持续发展的完美结合，为乡村产业振兴提供了可借鉴的宝贵经验。

## 5.3.4 垃圾可回收循环

垃圾的循环利用旨在将废弃物中可重复利用的部分进行回收、加工、再利用，对于减少资源浪费、降低环境污染并促进可持续发展具有重要意义。垃圾的循环利用一般分为分类投放、收集运输、分拣处理、加工利用、再生产品等过程：首先，居民或企业按照可回收垃圾的分类标准，将废弃物投放到指定的回收容器中。随后，回收公司或环卫部门将定期收集的可回收垃圾运输到处理中心，对其采取进一步分拣、去除杂质、提高回收纯度等措施。通过对分拣后的可回收物进行加工处理（如破碎、清洗、熔炼等）后，将其制成再生纸、再生塑料制品等再生产品，由此，便可实现资源的循环再利用。

"蓝色循环"海洋废弃物治理项目由浙江蓝景科技有限公司、台州市生态环境局及椒江分局联合组织实施。该项目旨在通过政企协同、数字赋能的方式，推动海洋废弃物的有效治理和循环利用。首先，项目设置了11个海洋废弃物分拣暂存点"小蓝之家"，并建设了50套油污处理站"海洋云仓"，带动了多家企业与上万艘船舶与大量群众参与，累计收集处理海洋废弃物万余吨，有效降低了碳排放量。其次，通过"智能装备+大数据+区块链"技术，打通收集、运输、监管等各个环节，有效解决了船舶污染物的处理和管理问题。项目构建了海洋塑料废弃物"收集—储存—运输—再生—制造"全流程可视化闭环治理体系，确保材料来源可追溯，展示了垃圾循环利用在不同领域和场景下的应用实践。

### 5.3.5 其他

#### 5.3.5.1 人工湿地

人工湿地的概念有广义和狭义两个方面。广义人工湿地指所有经人为干预或主导构建的类型，如湿地公园、浮岛等。狭义人工湿地特指为污水处理与净化而设计并实施的工程性湿地系统（王影，2015）。人工湿地主要由水体、透水性基质、好氧和厌氧微生物、无脊椎或脊椎动物和水生植物五部分组成（耿宏，2018），具有净化污水、补充地下水、储存雨水径流、维持生物多样性、缓解城市热岛效应、休闲娱乐和科普研究等作用。人工湿地的分类依据较多，根据水流方式的差异，人工湿地可分为表面流和潜流型（表5-8）（魏海琪，2017）。

First Creek湿地位于距离澳大利亚阿德莱德市中心不远处的植物园，于2013年开放。该湿地植物种类丰富，包含多数本土植物和南澳濒危物种，拥有丰富的物种多样性。湿地不仅改善城市微气候、储存雨水径流，还为城市居民提供了休闲娱乐场所，是工程学、美学、生态学及景观学的综合体现。在湿地中，配备了一套较为成熟的水处理体系，在建成后的5~8年，湿地每年能够补充含水层的补给量，足以满足整个植物园的灌溉需求。降雨后，部分雨水改道从First Creek湿地进入花园，湿地利用其自然净化机制有效提升了水质，并将这些净化后的水资源储存起来，以备后续使用（魏海琪，2017）。这一设计不仅体现了对自然资源的智慧利用，也彰显了人与自然和谐共生的理念。

表 5-8 人工湿地类型（根据水流方式的差异划分）

| 类型 | | 特点 | 优点 | 缺点 | 适合环境 |
| --- | --- | --- | --- | --- | --- |
| 表面流人工湿地 | | 水位较浅，水体净化主要通过三个自然过程实现：植物的吸收作用、基质的过滤能力以及自然沉降。 | 建造简单，投资较低 | 占地面积大、易产生蚊蝇、受温度影响大 | 入水水质相对较好、适宜对水质净化效率要求不高的区域 |
| 潜流型人工湿地 | 水平潜流型 | 水平潜流系统中，水流水平留过基质，协同填料、植物根系与生物膜去除BOD、COD、悬浮物及重金属等物质的能力较强 | 面积相对较小、污染物去除能力较强 | 建造管理费用较高、易堵塞；对氮磷的去除能力差于垂直流 | 对水质净化效率要求较高的区域 |
| | 垂直潜流型 | 水流由湿地表面自上而下或自下而上垂直流向基质床底 | 硝化作用较强，可有效去除氮磷等元素；稳定性和抗冲击力好 | 对有机物的除去效果相对水平潜流型较低；建造维护成本相对较高 | |

## 5.3.5.2 智慧街区技术

智慧街区技术以信息技术为核心，通过数据采集、传输、高效处理与深度分析等流程，推动城市基础设施与公共服务的智能化转型与优化升级。这一过程不仅显著提升了城市的运作效率，还极大地增强了公共服务的质量与响应速度。随着科技的日新月异，智慧街区的应用正逐步塑造着更加智能、便捷与可持续的城市生活图景。

5G是智慧城市的发动机，它在智慧城市建设中发挥着引领作用，为城市各个领域的运行提供了关键的信息支撑和帮助。当今城市运行时需采用的数据类型广泛，包括结构型数据（如城市公共交通数据信息、城市人口资料）和非结构型数据（如经济地理资料、城市监控视频），这些数据类型是新型智慧城市发展需求的基石，对相关部门的管理决策和服务项目产生了重大影响，同时直接影响相关部门的产业规划。5G技术的支持将极大提升智慧城市建设的高度、深度和广度，为城镇居民提供更多舒适感受。5G通信技术由一组关键技术组成，包括大规模天线阵列、超密集组网、新型多址、全频谱接入和新型网络构架等，在智慧街区建设中发挥关键作用，不仅提升了通信的速度和可靠性，还促进了城市感知、治理和服务的升级。通过更高效的通信基础设施，城市可以更好地应对不同的挑战，提升居民的生活品质和城市的整体运行效率。

公安物联网是物联网技术在公安安全、监管、防范等领域的具体应用，通过各种传感器、摄像头、终端设备等实现智能化、数字化、自动化的管理和控制。物联网技术作为一种前沿的信息技术，核心在于利用射频识别技术（radio frequency identification, RFID）、红外传感器等多样化的信息感知装置，按约定的协议把物品与互联网连接起来进行信息交换和通信，实现信息的互联互通与交互共享。这一过程极大地提升了管理效率与智能化水平，构建了一个集识别、追踪、监控与管理功能于一体的综合性网络体系。物联网技术的普及与应用已深入各个行业领域，引领着全球科技创新的潮流。该技术不仅为公安等关键政府部门提供高科技智能化的有力保障，还极大地推动了这些部门向高效化、智能化的治理体系转型。在智慧街区建设过程中引入物联网技术，搭建智慧化社区服务平台，有利于强化政府部门的综合响应速度，提高处理各种紧急突发事件的能力，为居民提供更加安全、高效、智能的社区环境。

云计算是一种现代信息技术范式，其核心思想是将计算、存储、网络等资源作为一种服务提供给用户。用户可以根据需求动态获取这些资源，无须担心硬件设备的细节或资源的物理位置（李小聪，2024）。云计算在智慧街区中的应用具有较多优势：

①海量数据的云端存储能力　在智慧社区内，智能设备及平台运作生成的巨量数据，借助云计算技术，得以高效、便捷地存储，解决了数据膨胀带来的存储难题。

②资源利用更加集约高效　鉴于云计算普遍采用的按需付费模式，规模较小的智慧社区能灵活选用公有云服务，大幅降低了初期硬件投入及长期运维成本，实现了资源的优化配置。

③利用云计算可提高安全性能　迄今为止，云计算平台的基础资源尚未遭到严重破坏，这得益于全球顶尖安全专家团队的护航。相较于多数内部IT团队，这些专家团队在威胁应对上展现出更高的专业水准，为智慧社区用户数据提供了强有力的安全保障。

荷兰的Brinport智慧街区以其"全球最智慧街区"的愿景著称。其拥有灵活的开发框架，根据每位居民和企业的具体需求进行定制化设计。这一计划融合了跨领域的最新见解与技术，核心聚焦于独立能源体系构建、可持续循环发展、居民参与机制、安全健康环境营造及数据驱动智能管理等，共同绘制未来街区发展的全新蓝图。Brinport智慧街区致力于打破传统企业单向利用用户信息的模式，利用数字化技术，鼓励与用户间的数据共享。此外，该计划还包含了一套个性化的数据管理系统，旨在赋予未来用户对其个人数据的所有权和管理权限。这一举措将极大地增强用户的自主性和对街区建设的参与感，进一步推动智慧街区的可持续发展。

## 小 结

本章主要介绍了三个方面的低碳循环绿色化技术：低碳节能技术、绿色建筑技术和环境友好技术。低碳节能技术主要包括可再生能源技术、光储直柔技术、街区慢行系统设计和韧性基础设施设计等。绿色建筑技术主要包括保温隔热技术、零碳建筑、绿色建筑评价体系等。环境友好技术主要包括通风廊道、屋顶绿化、鱼菜共生及其他技术。为达成"双碳"战略目标，街区规划设计必须将向低碳的绿色化方向转型，因地制宜使用各项低碳循环绿色化技术是绿色街区实现节能减碳的有效途径。

## 思考题

1. 可再生能源技术都有哪些？各自的优点和缺点如何？
2. 试述绿色建筑技术及评价体系。
3. 人工湿地包含几种类型？简述其各自的优缺点和适宜环境。

## 拓展阅读

1.《建筑节能与可再生能源利用通用规范》（GB 55015—2021）（https://www.mohurd.gov.cn）.
2.《建筑光储直柔系统评价标准》（T/CABEE 055—2023）（https://www.cabee.org/site/content/24744.html）.
3.《气候可行性论证规范城市通风廊道》（QX/T 437—2018）（https://www.cmatc.cn）.
4.《物联网基础安全标准体系建设指南（2021版）》（https://www.gov.cn）.
5.《云计算综合标准化体系建设指南》（https://www.miit.gov.cn）.
6.《绿色建筑评价标准》（GB/T 50378—2019）局部修订条文（2024版）（https://www.mohurd.gov.cn）.
7.《绿色建筑评价标准》（GB/T 50378—2019）（https://www.mohurd.gov.cn）.
8.《海绵城市建设技术指南——低影响开发雨水系统构建（试行）》（https://www.mohurd.gov.cn）.

# 第6章 绿色街区规划设计实践

**绿**色街区规划设计实践是城市可持续发展的重要组成部分，旨在通过整合环境、社会和经济因素，创建宜居、健康、生态友好的城市街区。随着城市化进程的加速和环境问题的日益突出，绿色街区规划设计成了城市规划师、设计师和决策者关注的焦点。本章通过介绍高校街区绿色更新、大型既有街区绿色更新、既有社区绿色更新、绿色街区小气候优化更新、历史街区更新、旧城居住片区绿色更新、旧城复合社区绿色更新、生态新城规划设计、工业遗产绿色更新9个案例，旨在为城市规划和设计领域的从业者、大学生以及相关决策者提供实用的指导和启示，以便大家在实践中更好地应对城市化和环境挑战，推动绿色街区规划设计的实践创新，共同建设更美好、可持续的城市未来。

## 6.1 高校街区绿色更新改造：北京市海淀区学院路街道绿色慢行系统规划与设计

### 6.1.1 规划设计背景

学院路街道位于北京市海淀区东部，总用地面积约8.49km²，总人口24.5万人。街道包括6所高等院校、11所科研院所、2个产业园区和29个社区。街区、校区、园区、社区（即"四区"）多种行政管理体系形成了学院路街道的基本空间形态。

学院路街道大院林立，围墙连绵。大学校园、科研院所内部科技创新、文化体育设施一应俱全却自成一体，在城市形态上成为一个个孤立的空间孤岛。丰富的文化活动则多集中在高校内部，造成社区居民对街区的感知度普遍较低。

## 6.1.2 实施过程

### 6.1.2.1 规划主题与策略

通过城市更新下的绿色街区的营建策略，构建"四区联动"的街区空间，以解决"四区"之间存在信息不畅、共享不足、活力不够、创新乏力等问题（图6-1）。通过绿色街区慢行系统构建和绿色开放空间营建，释放学院路街道的内在活力，重构融合互动、文化融合、空间交融、活力激发、关系重塑的新型街区形态。

图 6-1 学院路街道现状分析总平面图

### 6.1.2.2 设计方案

学院路街道由多所大学校园和科研院所组成，在用地布局上形成大尺度的街区，街道空间相对封闭，适合步行的街道相对较少。针对街区慢行空间缺失，责任规划师及高校合伙人设计了一个鼓励创新交流的慢行生活网络，包括一条健康休闲环线、一条多彩共享带及三条文化悦游线路，并制定了相应的慢行系统设计指导。

#### （1）一条健康休闲环线

健康休闲环全长11.3km，串联起体验式遗址公园京张绿廊五道口启动段、小月河自然生态漫步道及打造林大北路、清华东路及成府路三条林荫道，承载居民休闲娱乐活动，形成健康休闲步道、骑行道、文化景观林荫道层次分明又相互融合的极具学院路特色的慢行环线（图6-2）。

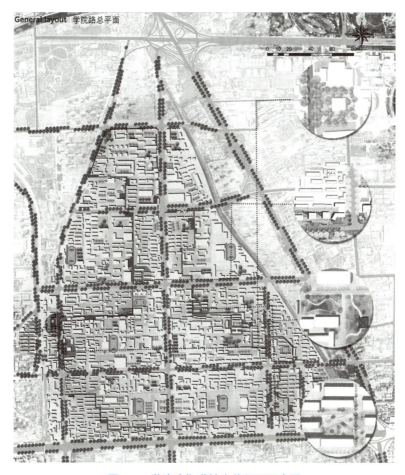

图 6-2　学院路街道健康休闲环示意图

#### （2）一条多彩共享带

多彩共享带全长11.2km，是串联学院路街道所有社区的生活廊道，根据空间特质定制不同的主题，包括开放共享生活带、新型科创发展带、便利共生带、国际游购休闲带和学府交流带五段。并通过四区融合，将各自的学术文化、绿地景观、开放空间、服务设施等资源串联起来，促进学院路居民高校融合互动，资源共享（图6-3）。

#### （3）三条文化悦游线路

三条文化悦游线路包括北京林业大学—中国农业大学环线、中国矿业大学—北京语言大学—中国石油大学环线和中国地质大学—北京语言大学环线，深入挖掘各高校及社区的历史文化底蕴、绿化景观及开放空间，形成三条横向的局部院校的悦游环线，打造宜人舒适的文化悦游慢行系统（图6-4）。

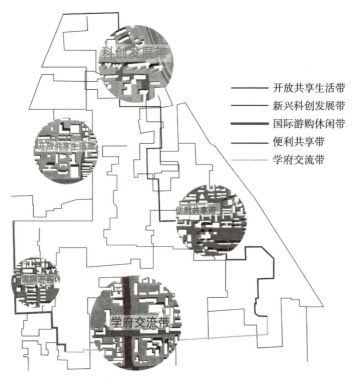

图 6-3 学院路街道多彩共享带分段示意图

图 6-4 文化悦游环线示意图

**（4）街区绿色开放空间营造**

学院路街道通过院内共生更新、相邻地区共享更新、区域联盟更新，形成三个开放空间的更新层次，以小规模、渐进式、分阶段的建设模式为主要发展路径，逐步为空间的开放和生长创造条件（图6-5）。

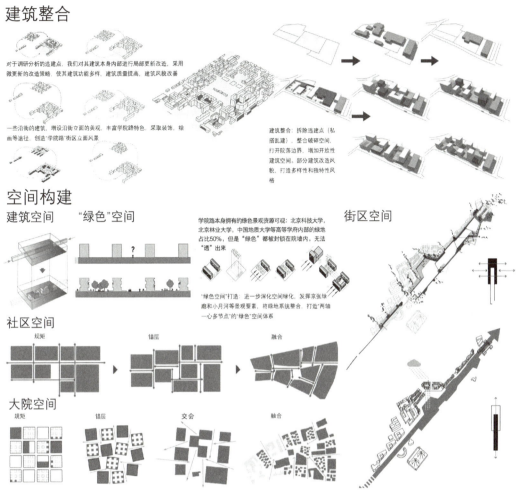

图 6-5　学院路街道内部空间走向街区开放空间的更新模式图

近三年来，学院路街道在践行绿色街区的更新实践中，取得了突出的成果，具体表现在：石油大院违建的拆除提供了 2000m² 公共空间，打造一处新老建筑共生、职工居民共生、文化共生的"共生大院"；马家沟非法菜市场清空后，建成了逸成体育公园，满足居民健身运动的空间需求（图6-6）；15所背街小巷整治和二里庄斜街墙体

图 6-6　逸成体育公园建成前后对比

图 6-7　北京林业大学绿色校园建设实践——"林之心"中央公园

彩绘工作，丰富了街道景观，提升了居民对街道空间的认知度；建设京张铁路遗址公园，体验铁路文化，为居民提供休闲游憩空间；北京林业大学校园拆除了医院临时建筑，建成了"林之心"中央公园，在校园更新过程中迈向绿色校园的发展目标（图6-7）。

## 6.1.3　借鉴意义

### 6.1.3.1　绿色街区实施的制度保障

责任规划师制度保障街区更新实施。2018年，北京市海淀区在六个街道启动了责任规划师的试点工作，发展至今，已形成完备的"1+1+N"的街镇责任规划师制度。北京清华同衡规划设计研究院作为责任规划师单位，联合高校合伙人北京林业大学园林学院师生，以学院路街区为对象，开展了一系列的研究工作。总结出一套街区更新"4+1"工作法，即："4步法"及"1套社会创新工具箱"。

"4步法"分为街区画像、街区评估、街区更新规划及规划实施四个步骤。

"1套社会创新工具箱"指通过街区更新实践者的共同探索，不断总结能够帮助更多人参与街区更新的创新方法，包括"城事"设计节、国际设计周、大数据平台及五道口街区规划与城市更新设计联盟等。在中微观尺度城市更新过程中做到"有法可依"，通过街区规划促进社会治理方式的创新。

### 6.1.3.2 "大院文化"下的绿色街区营造策略

城市慢行系统的规划设计要与城市总体规划对发展城市特色的总体要求相一致，尊重城市整体空间结构，突出关键景观游憩节点。同时在强调城市总体特征时，也不要忽视城市中各区域间的差异性，要有针对性地分析和解决存在于不同街道中的具体问题，在街区层面反映生态和人群需求的规划设计，同样能够反映出城市特色。

本案例所处的学院路街道，学校、机构等单位大院非常多，但是街区开放程度和设施共享程度不够，慢行需求比较强烈。因此设计者要考虑的是让慢行系统连接起城市重要公共空间，将新的高质量慢行路渗透到各个社区内部，并且提供一些非正式学习空间，满足学院路街区多样化社群创新交流的需要，进而提升城市活力。通过城市更新下的绿色街区的营建策略，构建"四区联动"的街区空间，以解决"四区"之间存在信息不畅、共享不足、活力不够、创新乏力等问题。通过绿色街区慢行系统构建和绿色开放空间营建，释放学院路街道的内在活力，重构融合互动、文化融合、空间交融、活力激发、关系重塑的新型街区形态。

（本案例参与人员为郝子轩、伊慧敏、高梦瑶）

## 6.2 大型既有街区绿色更新设计：北京市昌平区回龙观街道绿色街区更新改造

### 6.2.1 规划设计背景

#### 6.2.1.1 场地概况

回龙观大街位于北京市昌平区回龙观、天通苑地区（以下简称回天地区）的龙泽园街道，分为东西两条大街，均为四板三带式双向八车道，全长约4.2km。回龙观大街街区建设完成度较高，整条街道空间与不同类型的城市用地联系紧密，周边以居住、商业用地为主，其车流量和人流量均较大，人居环境复杂，存在一系列典型普遍的问题，是昌平区内具有代表性的一条综合性街道。通过分析其街区景观现状，探索更新实践路径，以期为龙泽园街道乃至回天地区街区更新建设提供一定的思路。

回龙观大街是北京昌平区的主要街道，分为东西两段，每段都是双向八车道的宽阔道路，总长约4.2km。这条街道的建设已经相当完善，与城市的各种功能区紧密相连，周边主要是住宅和商业用地，因此车流和人流都非常密集。由于其复杂的居住环境，这条街道面临一些普遍性的问题，但仍是昌平区内一个具有示范意义的综合性街道。通过深入分析这条街道的现状，可以探索创新的更新策略，旨在为龙泽园街道乃至整个回天地区的城市更新提供新的思路（赵凯茜、李翅，2023）。

#### 6.2.1.2 现状问题分析

在城市化进程的加速中，人们在追求建筑的垂直发展和道路的横向扩展时，往往忽略了街道所承担的社交、休闲、停留等多重社会功能，从而使得街道逐渐失去了原有的活力，变得冷清、枯燥。为了改善这一现象，设计者从以下几个方面对回龙观大街街区景观进行深入分析，并提出相应的更新策略：沿街建筑界面缺乏统一协调；慢行与活动空间活力不足；附属功能设施规划不佳以及交通功能设施形式单调（赵凯茜、李翅，2023）（图6-8）。

沿街建筑界面

慢性活动空间

附属功能设施

交通功能设施

图 6-8 场地现状问题分析图

## 6.2.2 实施过程

### 6.2.2.1 提升建筑界面品质，改善居民生活

从日常居住、商业商务、交通出行等城市功能出发，根据《北京市规划委员会关于清理和制止乱建围墙的规定》和《北京市市容环境卫生条例》，分区提出街道空间的规划要求，引导形成得体的空间氛围，提升公共空间品质。根据回龙观大街周边街区的用地类型与实际需求将街道分为两种类型。

第一种类型为商业楼、底商建筑立面更新段，策略主要为精细指导商业街区店铺招牌设置，规范商业招牌尺寸、色彩，考虑雨棚等外挂设施或设计元素与街区整体景观风貌的协调性（图6-9）；区分上层居住区与底层商业建筑的立面风格、材质和色彩协调度。

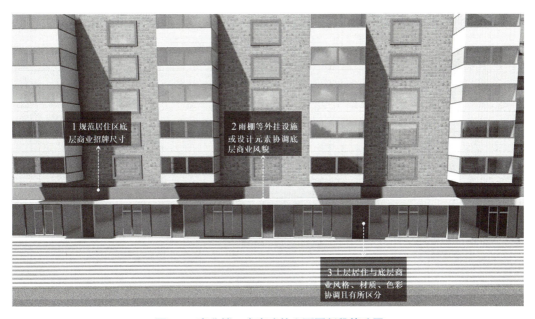

图6-9 商业楼、底商建筑立面更新段策略图

第二种类型为居住区建筑立面更新段，策略主要为通过植物景观消减围墙边界；对沿街既有围墙空间进行美观化改造与设计，小区出入口围墙稍做变化，突出入口标识性，提升街道空间整体风貌（图6-10）。

### 6.2.2.2 合理规划空间，带动街区活力

合理规划回龙观大街街区空间关系，进一步优化街道空间尺度，实现街道功能的完整性和交通的系统性，提高街道本身的使用效率，提出三类策略。

①在建筑底商分布密集的区域，人行道空间相对狭窄，人流集中但无法有序疏解，明确非机动车道的功能，取消其车道上的停车位（图6-11）。

图 6-10 居住区建筑立面更新段策略图

图 6-11 街道空间尺度更新段策略图

②商业前广场人流密集、车辆混停，空间较大但利用率低，可利用此区域设置非机动车停放点，有序管理非机动车辆，避免路边混停，并且适当增加绿化景观或小品（图6-12）。

③在提升居住区与城市互动性的过程中，可以通过实地调研和公众参与，对小区围栏进行适度调整，如增加次级出入口，以提高居民的出行便利性。同时，通过优化交通流线和增加道路网络的密度，使居住区更加便捷地融入城市交通体系。此外，设计并开辟适宜的社交空间，如小型广场或休息区，以吸引居民和访客前来交流和休息（图6-13）。

图 6-12　商业前广场更新段策略图

图 6-13　小区公共空间更新段策略图

## 6.2.2.3　重视道路绿化，优化附属功能设施

除了对街区空间的优化外，为保证居民生活出行的舒适程度，还可以配以环境的优化，提高街区的环境质量。植物具有自然美的特点，作为街道景观设计中重要的基础设施，不仅可以展现街道的生机与活力，还可以净化空气，减少噪声，调节小气候。根据回龙观大街现有植物资源和对于绿化的需求，在尽可能保留现有长势良好植物的基础上，选择不同路段增加多样的植物种类，提出了三个标准路段做法。

首先，在关键节点种植银杏和海棠等骨干树种，辅以丰花月季和'金山'绣线菊等开花灌木，以延长绿色周期并增添色彩。其次，保留并增强现有行道树的绿化效果，同时引入适应性强的宿根花卉，如林荫鼠尾草和紫松果菊，以提升生态多样性。最后，保留并间植高大乔木，如白皮松和云杉，以营造庄严氛围，同时在中央绿化带增加紫叶李和碧桃等开花乔木，并引入胶东卫矛等易养护的植物，以提高绿化带的生态效益和观赏性。这些综合措施旨在打造一个生态友好、美观宜人的城市街道环境（赵凯茜、李翅，2023）（图6-14）。

**图 6-14　道路绿化更新策略图**

## 6.2.2.4　完善交通功能设施，增强街区安全感

回龙观大街现状停车场面积较大，分布不均匀，考虑到街道空间的特殊性，保留现状停车空间，找寻场地中有发展潜力的可以满足停车的空间（如建筑退后的空间位置），规划增加停车场。回龙观东大街的停车场目前主要分布在街道的东端，西端则被回龙观体育公园和法治文化公园占据，缺乏足够的停车设施。为了解决这一问题，可以考虑将街道中部的可用空间重新规划，作为潜在的停车区域。这样的规划不仅能够为公园访客提供便利，同时也有助于平衡整个区域的停车需求，提高街道的功能性和居民的满意度。

此外，为了提升回龙观大街的安全性和美观度，计划对现有的栅栏进行改造和加固，同时在关键区域增设栅栏，以及考虑在十字路口增设安全岛，为行人提供额外的安全保障。这些措施不仅能够增强街道的安全性，还能显著提升街道的整体景观效果。通过这些交通辅助设施的升级，期望能够实现对街道整体安全的更有效管理，同时为居民和过往行人提供一个更加美观、安全的街道环境（图6-15）。

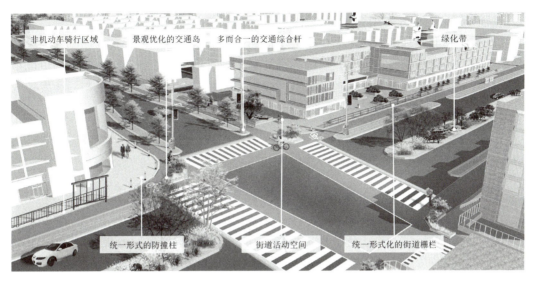

图 6-15　道路交通设施更新策略图

## 6.2.3　借鉴意义

街区作为城市生活的重要组成部分，不仅是居民日常生活的场所，更是城市公共空间的体现，承载着城市形象的展示作用。城市更新项目通过以街区为单位，将城市发展与更新紧密结合，使之成为城市构建中不可或缺的一环。

本案例以北京昌平区的回龙观大街为例，该街区的更新研究展示了从早期的"以车为本"向"以人为本"理念的转变。依托北京市责任规划师制度，以及街道办事处和小区物业等相关部门的共同努力，通过实地调研和走访，加强了街区日常生活空间的改善和提升，致力于弥补民生领域的不足，提升城市空间的服务功能，分析回龙观大街街区景观风貌现状，明确其亟待解决的问题，统筹兼顾城市的发展与居民的需要，提出四项策略保证街道景观更新的完整性与可实施性，从而达到街区可持续发展的目的（赵凯茜、李翅，2023）。

（本案例参与人员为赵凯茜、张子灿、伊慧敏、张争光、马婧洁）

# 6.3　既有社区绿色更新设计：共建共享，美好社区——北京市海淀区清河街道绿色更新实践

## 6.3.1　规划设计背景

清河街道地处海淀区北五环外，毗邻上地、中关村核心区等高新技术园区，总面积9.37km²，常住人口14.5万，主要承担居住配套和生活服务功能。清河街道高度浓缩了北京城市过去一百年来社会空间急剧变迁的历程，是一个普通但又极富代表性的转型过程中的城市邻里型社会—空间，集聚了类型多样、混合交错的居住空间。

清河地区的核心问题之一，是公共服务配套和公共空间总体供给不足，难以满足日益增长的新群体和老居民不断提升的生活和交往需求。近年来，在面向基层社会治理创新的"新清河试验"和"社区规划师计划"等行动的持续推动下，清河街道以参与式社区规划为主要路径，通过整合空间规划和社区治理，促进公众参与，激发社区活力，在街道和社区绿色更新层面探索出一套富有特色的工作模式。

## 6.3.2　规划设计策略

### 6.3.2.1　编制街道更新规划，完善体检评估机制

针对基层建设项目小、碎、散的问题，编制"清河街道更新规划"，基于大量社会—空间调查、意见征询和协商会议，形成清河街道全域未来五年更新发展总体思路，统领各社区规划建设，以一张蓝图+定期体检+动态更新的项目库+行动方案确保规划落地实施。针对基层社会—空间数据短缺的现状，建立社区体检指标体系，基于社区管理、调研以及街景地图、影像图、POI等网络数据，对清河全域所有社区进行体检评估，快速识别短板和风险，协助各社区明确定位和特色，并建立定期体检制度，为规划的动态更新提供支撑。规划编制的过程，也是多方主体逐步对地区发展建设共识、培育归属感的过程。

### 6.3.2.2　编制美和园社区更新规划，推动特色项目落地实施

以美和园社区作为社区更新示范，对美和园社区的本底情况进行更新调查和深度梳理，按照《十五分钟生活圈居住区配套服务设施》标准，对美和园的社区配套设施进行评估（图6-16）。通过调查问卷以及电话访谈的方式，充分发掘美和园居民诉求。

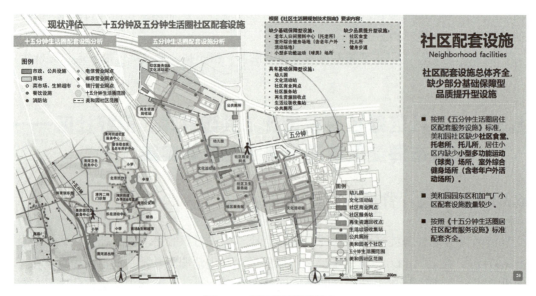

图 6-16　社区现状评估图

对社区人群进行不同的画像分析，从全龄友好、环境优美、出行便利、内部交通满意度、公共设施满意度以及公共空间满意度六个维度对社区环境进行打分，在此基础上，明确社区更新的方向，关注交通系统、绿色开放空间、闲置建筑以及社区管理等多个层面的问题，提出"和美友邻，和谐共生"的社区更新愿景，推动特色项目的落地实施（图6-17、图6-18）。

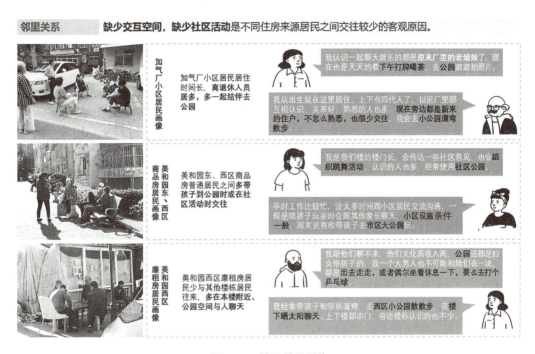

图6-17 社区居民画像

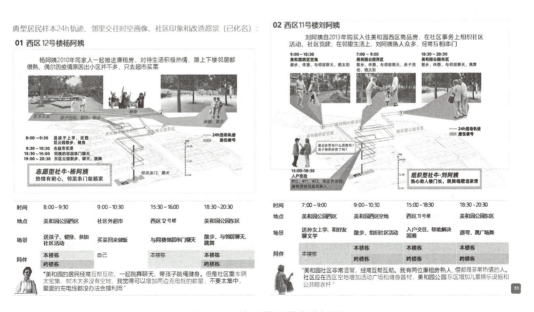

图6-18 社区居民需求分析图

社区绿色开放空间是城市绿色空间系统的最小单元，对于城市人居环境和谐、宜居、可持续有着十分直接和重要的作用。规划基于现状居民自发空间点位和居民对社区内公共空间的需求，整合各类潜力空间，改造宅间绿地，补充社区小游园，完善社区绿色开放空间体系。从点、线、面三个层次逐一推进空间层面的社区更新（图6-19）。

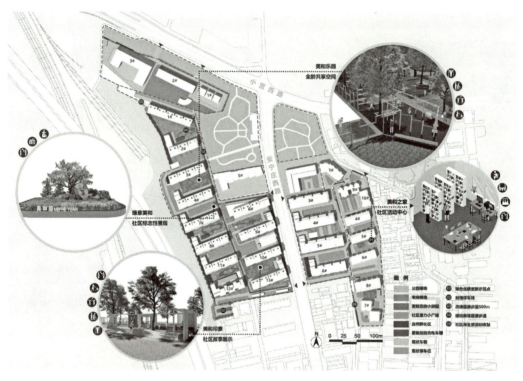

**图 6-19 美和园更新规划总平面图**

同时，规划还提出营造绿色低碳社区，树立生态宜居的绿色社区典范；发展和谐有邻社区，激发多元共治创新引领下的社区新活力；推进全龄友好社区建设，切实提升社区居民幸福感和归属感；开展智慧便捷社区建设，为居民提供高效的社区智慧化服务。

### 6.3.2.3 清河街道社区花园网络规划与实施

为解决公园绿地和绿色开放空间供给不足、不均衡的问题，规划团队提出以清河街道社区花园网络营造为主要方法：一是通过对清河街道的公共空间、社区空间进行梳理和挖潜，以见缝插针的方式，打造自然友好的绿色空间节点，并通过组织社区居民参与的各类自然课程、交流活动，培育社区花园"种子"力量，逐步搭建清河社区花园网络，以提升街道整体的绿色生态公共空间品质。二是通过对社区及街区闲置边角地、拆违腾退空地等消极空间的绿色微更新，清河街道社区花园网络项目为居民提供了更多休憩放松、休闲社交的亲自然体验场所（图6-20）。同时，通过组织系列参与式活动，引导公众参与到身边的空间改造和环境提升中来，在这个过程中，融入自然教育，传播绿色理念，共同修复人与人、人与土地、人与自然之间的链接，也让越来越多的社区居民成为更新过程的参与者，推动社区自我更新发展，共建、共享绿色生态的美好家园，使社区花园成为承载生态文明教育、助力社区治理、重塑邻里关系和社区精神的重要纽带（图6-21）。

图 6-20 清河社区花园网络体验地图

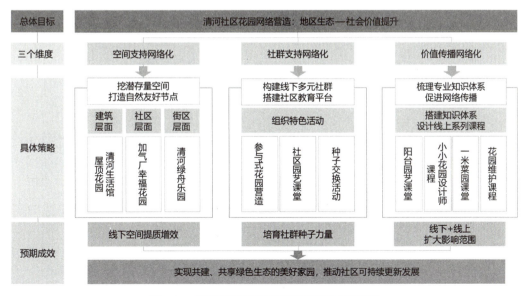

图 6-21 清河街道社区花园网络营造总体架构

#### 6.3.2.4 清河街道社区花园绿色微更新示范节点营造

项目落地实施了三处绿色微更新示范节点,包括加气厂幸福花园、清河生活馆屋顶花园与清河绿舟乐园。

**(1)社区层面节点:加气厂幸福花园**

加气厂幸福花园由30多位社区居民及志愿者参与花园的设计与共建而成。它所在的区域是小区内唯一的独立绿地空间,原本土壤裸露、植被稀少,经过调研与商议,最终通过以厚土栽培的方式改良土壤、铺设松木皮园路、增加更丰富的乡土植物与生物多样性友好的昆虫屋等,以更生态的营造方式让原本贫瘠荒废的土地重焕生机,为居民提供了可休闲漫步的亲自然花园。并且通过"校企地"三方党建联合模式,引入更多元社会力量,使社区花园实现可持续维护(图6-22)。

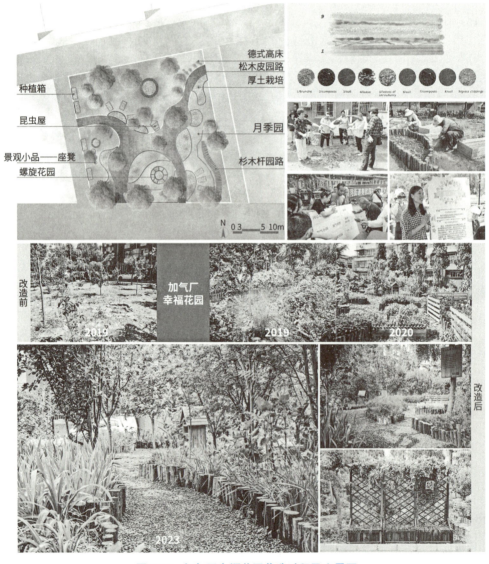

图 6-22 加气厂幸福花园营造过程及实景图

## （2）建筑层面节点：清河生活馆屋顶花园

清河生活馆屋顶花园充分利用了屋顶闲置空间，通过对耐久性防腐种植箱模块的多样组合，形成疗愈花园区、户外课堂区、一米菜园等不同功能区，并运用自然主义种植方式，混植芳香植物、药用植物、蜜源植物、引鸟植物，为周边居民提供了可休憩漫步的休闲花园，也为城市传粉昆虫及鸟类营造了微生境，有效提升了社区生物多样性。其中共建区采用多元共建的模式，整合多方参与力量，在后续运营中，通过一系列参与式营造活动的举办，包括花园参与式设计、屋顶堆肥、一米菜园营造、花园养护种植课堂等，丰富社区公共生活，传播绿色生活理念，促进邻里联结与互助，让屋顶花园以有机生长的形式营造出更多符合居民需求的场景（图6-23）。

图 6-23　清河生活馆屋顶花园营造及实景图

## （3）街区层面节点：清河绿舟乐园

清河绿舟乐园于一块拆违腾退场地重建而来，设计以"儿童友好"理念为核心，弥补了周边社区儿童设施的短缺。场地中充分保留和利用当地丰富的生态资源，并选取常见的昆虫、鸟类、乡土植物等作为自然乐园的生动科普元素，结合多样化的儿童游乐设施、休憩空间和自然探索节点进行设计（图6-24）。绿舟乐园里结合场地现状，特设一面"半完成"状态的植物标本墙，留给小朋友们继续完成，构建孩子们"玩中

## 总平面图

1. 入口游戏地图
2. 入口LOGO
3. 休憩座凳
4. 和动物比大小游戏设施
5. 飞羽精灵展示坡道
6. 木桩休息区
7. 滑梯设施
8. 清河之舟
9. 沙坑
10. 动物足迹攀爬斜坡
11. 鱼戏草木间—植物标本墙
12. 浮云廊架
13. 对景树
14. 戏水游乐设施
15. 药用植物锁孔花园
16. 木桩挡墙
17. 花卉景观

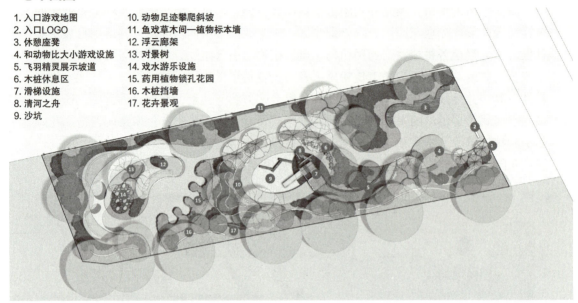

图 6-24 清河绿舟乐园设计及实景图

学，学中做，做中创"的户外探索教室，让孩子们既能够有机会认识和感知场地里的植物朋友，也有机会参与到自己乐园的建设中。

### 6.3.3 借鉴意义

清河街道的绿色更新实践，通过规划引领推动更新项目的实施，充分利用规划设计和实施更新的全过程，促进了社会与空间的相互促进和提升。其一，以多方参与空间更新推动社会再组织过程，以社区治理创新助力环境品质提升与有效维护的可持续性，实现良好人居环境与有凝聚力的社区的协同推进；其二，通过参与式规划设计过程，营造多样化的、有活力的公共空间，促进不同年龄、家庭、爱好、阶层人群的互动和互助，强化社会交往和认同感、归属感的培育；其三，公共空间改造完成后，充分协调社区和属地企业党建力量，激发多元主体共治共享，协助形成后续社区管理的可持续模式；其四，通过多渠道传播形成持续的影响力，为清河街道打造了绿色街区品牌，为后续更多元的资源引入打下基础。

街区和社区更新是当前城市更新的重要内容，清河街道的绿色更新实践通过引入"制度—行动"双向互动视角，推进实施了一系列在地更新的具体实践，实施成果丰富、工作成效突出。2020年12月9日，清河街道"共建 共享—美好社区"（美和园）项目被授予"北京市绿色生态示范区"称号，为"街乡更新类"首个获评项目，其示范意义值得进一步总结和推广。

（本案例参与人员为邹涛、程洁心、胡慧美、高睿）

## 6.4 绿色街区小气候优化更新设计：自然通风导向的计算化城市更新设计——江苏省南京市鼓楼区广州路街道更新

### 6.4.1 设计背景

场地现状分析：课题场地位于江苏省南京市鼓楼区广州路。该区域处于南京城市中心，建筑密集，城市密度很高，通风不畅，空气质量恶劣，噪声污染严重，城市物理环境亟待改善（图6-25）。

### 6.4.2 设计策略

#### 6.4.2.1 设计策略生成

城市物质空间形态是我们认知城市的基本要素，同时也与城市微气候有着密切的

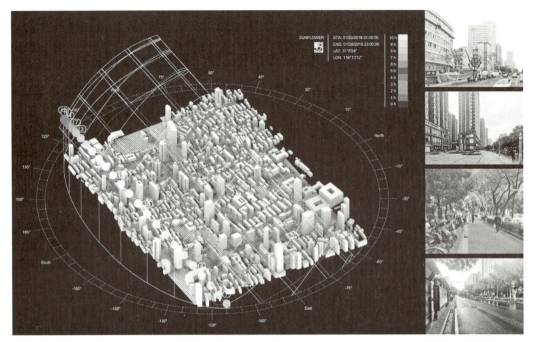

图 6-25　场地物理环境分析和现状照片

关联。从剖面视角认知城市形态，是建筑师相对容易理解和掌握的工具。第一，在剖面视角下，外部空间的高宽比对通风效率有决定性的影响，计算一个点所处的剖面高宽比，可以定量地描述该点处的通风潜力；第二，剖面方向设定的灵活性使得设计者可以直观地理解不同风向上的通风情况。

因此，本设计通过城市剖面，探索了一种在中观尺度上量化自然通风潜力的方法，虽然精确度有限，但计算速度快，且包含了城市设计中最重要的物质空间要素。方法的高效性使得设计师可以根据设计方案的调整得到快速的反馈。

在城市空间中取一个点，以该点为起点向某一方向延伸一定长度的路径，将路径经过的建筑物体量剖开，这段指定长度的路径即为该点该方向的城市剖面切片。在一个剖面内，每段间隙的宽度除以其相邻两侧建筑物的平均高度，作为该间隙的宽高比（width to height ratio，WHR）。经广泛证实，城市间隙宽高比较小时，气流会在街区层峡内部形成涡流，不利于通风。本设计将城市间隙宽高比大于阈值C（根据相关文献，将阈值C定为3）的空间认为有通风价值的开放空间（open space），而一个剖面内的开放空间总宽度除以剖面长度D被定义为该剖面的开放空间比值（open space ratio），即该点在该方向上的通风价值。根据当地的风向图，以8个风向的出现频率作为权重，按比例累加8个方向上一个点的开放空间比值，得到的结果被称为该点的自然通风潜力（natural ventilation potential，NVP）。经验证，该方法得出的通风潜力分布图与城市通风软件（CFD）模拟风速体现出较强的关联性，可一定程度上替代烦冗的城市通风软件（CFD）模拟用于快速地量化比较各城市设计方案在通风性能上的优劣。

图6-26上图为根据这一套研究方法得出的自然通风潜力，其下图是对同一地区使用城市通风软件（CFD）模拟得到的风速图，这两张图进行相关度分析后，得出的结

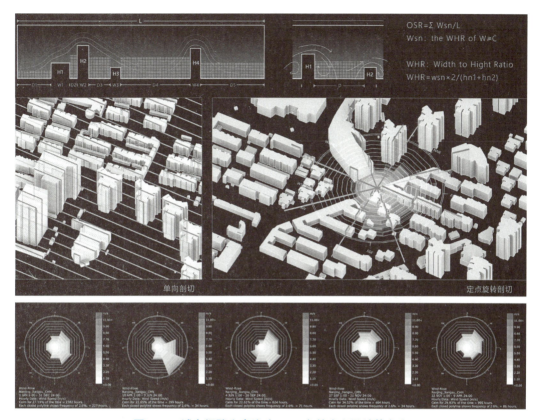

图 6-26　城市间隙宽高比（WHR）的定义及计算方法

论是相关度较高，因此这一研究方法可以一定程度上取代城市通风软件（CFD）模拟（图6-27）。

在以自然通风潜力导向为抓手的前提下，设计者构建了一套完整的分析和设计工作流程（图6-28），以三组对照试验模拟预测量化结果，比较设计方案的优劣。

#### 6.4.2.2　打通城市通风廊道

通过对周边地块的自然通风潜力进行分析（图6-29），一条潜在的通风廊道初步找出。依照潜在通风廊道的位置，设计者提出了若干种不同的拆除方案（图6-30）。定义一个区域连通性比率，评价每拆除一定的建筑面积时实现的自然通风连通度的提升量，选择出性价比最高的城市更新策略（图6-31）。

#### 6.4.2.3　重建建筑

对于拆除后有待新建的空余地块，量化评价不同容积率下可实现的最佳通风方案。设定几种需要尝试的容积率数值，并根据建筑红线、日照要求、防火间距等基本指标，有意识地避开通风廊道，分别生成几组初步的建筑体量，并计算出各组结果的自然通风潜力。

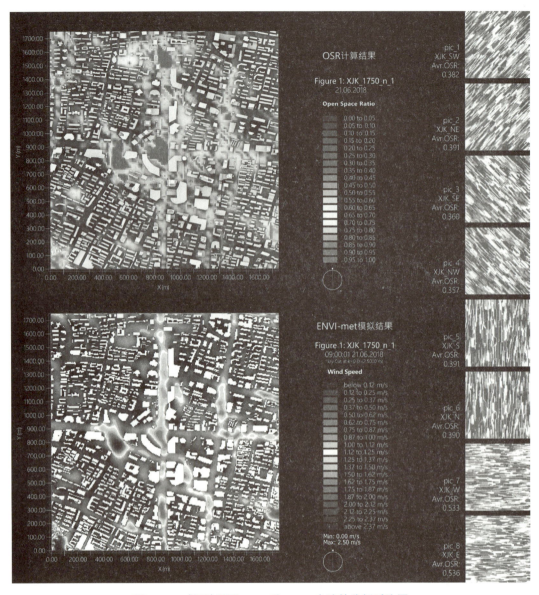

图 6-27 对场地运用 WHR 和 CFD 方法的分析对比图

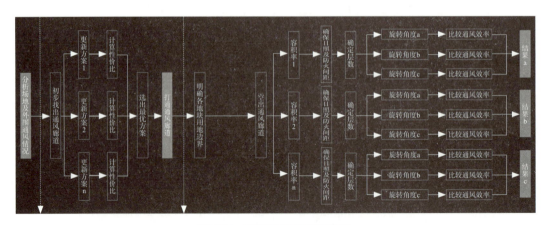

图 6-28 设计过程技术路线图

图 6-29　场地现状通风潜力图

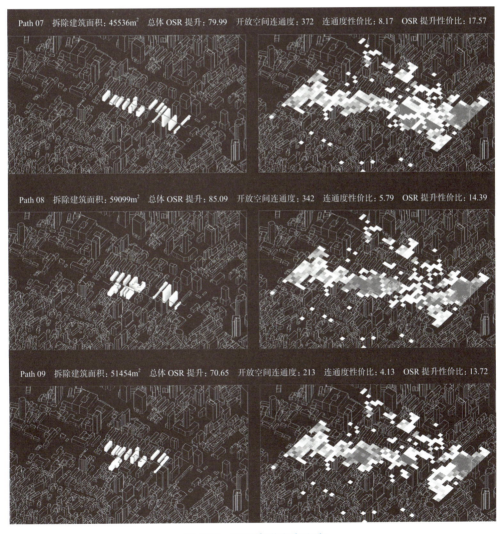

图 6-30　通风廊道方案比选

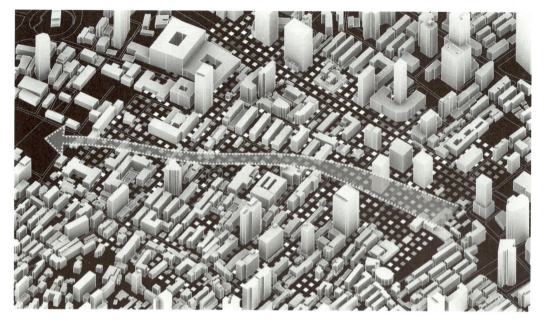

图 6-31　根据计算和评价获得的通风廊道

经过以上步骤，不同容积率下的多组设计方案的自然通风潜力可以被量化表达，设计者可以综合考虑通风分析结果与经济、社会等其他宏观设计目标，对可能的建造方案进行比选（图6-32）。

### 6.4.2.4　增加通风廊道

通过上述研究和评价比选，在场地中最具通风潜力的位置新增了两条城市通风廊道（图6-33），重构了城市公共开放空间系统，使其发挥生态基础设施作用，有效改善了这一高密度城市区域的物理环境，达成了创造绿色宜居城市空间的目标（图6-34、图6-35）。

## 6.4.3　借鉴意义

当下高密度都市的居民在身心健康方面面临着严峻的考验。这种状况促使设计师将居民健康因素加入城市设计的考虑范畴中。发掘城市的自然通风潜力，利用气流带走污染物，将清洁的空气输送到城市空间，对保障城市居民健康有着重要意义。

城市更新不但需要对静态的建成环境本身有充分的理解，也要对其中各种动态要素有更正确充分的认知。从设计上来说，这也大大提高了设计者所面临的问题的复杂性，仅靠个人的直观感受和形式操作难以保证设计的合理性。而借助各类空间分析、数据统计、算法设计等数字技术，可以更好地认知城市形态的特征，理解城市运行的规则，并预测城市未来的发展。通过规则和算法来计算生成城市也是对城市设计思维范式的重要突破。

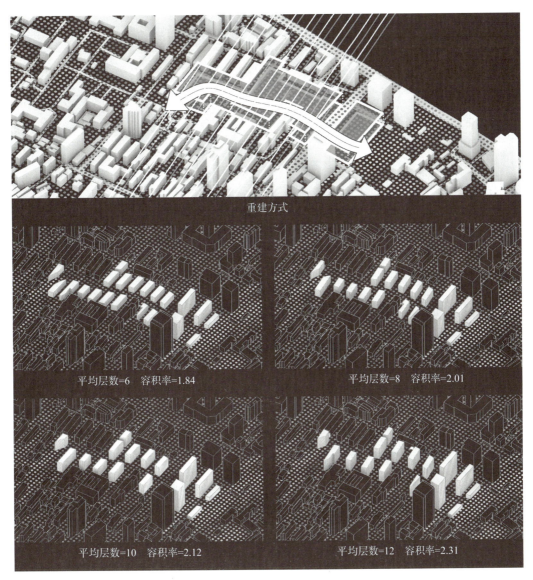

图 6-32 地块重建方案的比选

因此，本次设计针对这些发展趋势，以城市街巷空间为研究对象，以城市物理环境质量改善和提升为导向，通过思考和推演探索其更新改造的可能性。本课题设计具有较强的概念化研究性，和常见的强调结果完整性的作业有较大的不同。它的价值在于通过富有探索性和创新性的思考，提出了不同于以往建立在经验和直觉基础上的设计思维，强调科学性和逻辑性，并在方法创新上做了大胆的尝试，这对于本科学生是难能可贵的。随着科学技术的飞速发展，未来的绿色城市设计必然要走向更为理性的发展道路。

（本案例参与人员为董一凡、甘静雯）

图 6-33 最终重新建构的城市物质空间

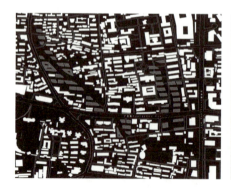

图 6-34 重构后的城市空间总平面图

图 6-35 重构后的城市空间效果图

## 6.5 历史街区更新改造：雍和故音，旧城新貌——基于声景观的北京市东城区雍和宫藏经馆片区更新设计

### 6.5.1 设计背景

#### 6.5.1.1 场地文化解读

该场地文化和商业空间发达，雍和宫寺庙文化、宗教商业文化、老城市井文化、夜市商号文化汇聚于此，1.8万居民和年接待超260万的游客也聚居于此。更新地块位于古城风貌保护区内，规划有一条文化探访路径。雍和宫、柏林寺及老城胡同都是老城特色文化空间，也是文化探访路径上一个个重要展示窗口。

#### 6.5.1.2 现状空间解析

片区存在空间连续性割裂、文化延续性差、设施供给失衡的问题（图6-36）。

基地内大量存在形态各异的窄巷空间，空间端头封闭，文化性缺失。导致游客与居民的活动边界明显，居住和文化的空间割裂，存在空间连续性差的问题。

图 6-36 现状空间问题

现有的文化仅仅集中在雍和宫，街区内部很多历史建筑存在不开放、保护差的问题，并无文化场景和活动的策划，如何实现在有限的空间中展示文化，以文化带动街区发展是需要考虑的一个重要问题。

居住区内部窄巷逼仄，公共场地缺失，停车问题突出，设施的覆盖性差。在规划中希望柔化居民与游客之间的边界，在历史积淀的高密度空间中释放出有活力的空间，促进街道文化和人居环境的可持续发展。

### 6.5.1.3 声景观质量分析

整体来说，文化探访路入口空间及城市道路周边空间交通噪声极大，声环境嘈杂，协调性较差（图6-37）。街区内部文化探访路文化性声音元素少，特色声景观、声小品缺乏。雍和宫、柏林寺、通教寺周边的典型文化声元素感知响度、发生率较低。后续的设计中可以增强有文化特色的声元素，削减消极的交通等声音，保留现有的生活声元素。

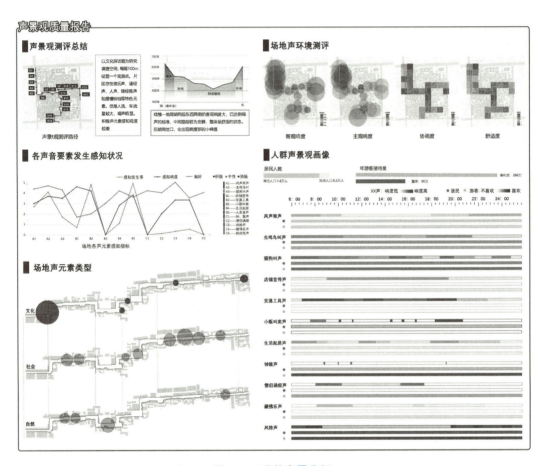

图6-37 现状声景分析

## 6.5.2 设计策略

### 6.5.2.1 概念生成

基于文化特色和现状分析，以提取的声、形两个元素为媒介，柔化空间和人群的边界。以形促声，以声辅形。形成多元人群和谐共处、多类空间宜居共生、多维时间发展共创的共生家园。

设计引入声、形两个元素，以声为媒介，实现文化+体验的时间回溯，以形为媒介，实现空间+未来的时空绵延，以声塑造特色，用形来塑造声（图6-38）。

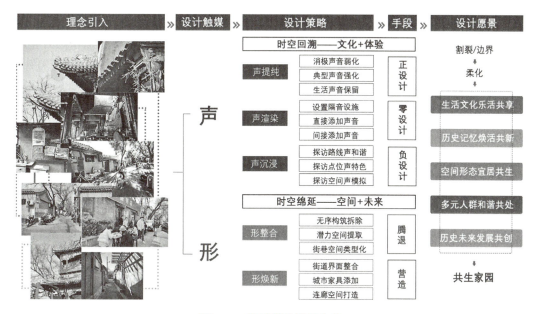

图 6-38 设计策略框架生成

以文化探访路为切入点对声空间进行声提纯、声渲染、声沉浸，构建街道声容器空间和声漫步路线，形成和谐的文化场景和生活场景。针对潜力空间进行形整合和形焕新，以城市家具和廊架为手段对小微空间进行更新改造，促进老旧空间的未来式发展。

### 6.5.2.2 形空间策略

形空间策略方面，拆除无序构筑（构筑物、私搭乱建等），进行街道中的小微空间提取、封闭性空间开放、公共建筑屋顶提取、封闭公共建筑群开放等潜力空间提取，区分街道入口空间、停留放大空间等，将街巷空间类型化。形焕新策略包括消极立面改造景观墙体、风貌特色改造、界面连续性；增设城市家具，增加街道中公共休憩、娱乐设施的数量；增设可运营和体验的小微空间。

在方案生成阶段，首先进行形设施介入，对街道及屋顶等潜力空间进行提取，介入城市家具、连廊、多功能盒子，形成多元人群可停留交往的小空间，柔化多元人群的行为空间边界。

### 6.5.2.3 声空间策略

声空间策略方面，进行多元声景介入。对街区空间声元素属性进行识别，实现积极舒适的历史文化、自然声渲染，结合智慧技术打造可感知的声空间，柔化多元人群的精神空间边界。

以戏楼—炮局胡同段与声景观步行营造示范路段，通过正设计、零设计、负设计的手段对声景观进行处理，弱化交通声，积极进行原声保留、典型声强化和特色声激发。然后在街道潜力空间处进行声景观设计，安装声环境可视化装置，形成对胡同生活、特色市井及信仰文化等声信息的转译，实现多个声场景的演绎（图6-39）。

对探访路线的声改造，采用零设计、负设计与正设计三种手段。在雍和宫与连接通教寺的路段采用车流人流重规划，减少交通工具声音；在雍和宫到柏林寺的路段采用正设计利用景观小品、声装置添加文化类声音，其余零设计部分保留居民生活声音。

同时，打造声博物馆、社区"声"活场、街道声音匣子三个声景观节点，形成社区、街巷、住区的三级声空间（图6-40）。在探访路线的潜力点改造方面，重点提取雍和宫到柏林寺的历史文化体验段，街道声音匣子将交通工具弱化，添加佛乐、风声、虫鸣、鸟叫声，使用绿植进行声音隔离，直接添加营造氛围的风吹竹叶声，营造聚集场所、间接添加居民交谈声。

图 6-39　声景观步行路段营造

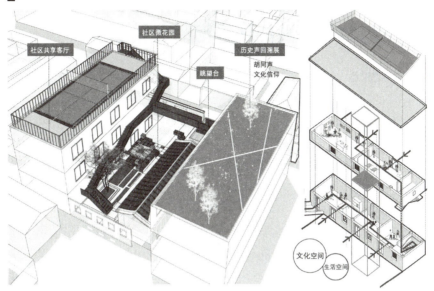

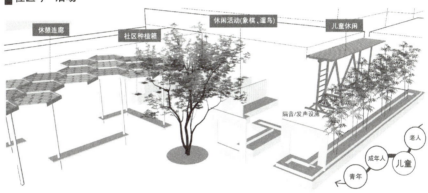

图 6-40　声景观节点示意图

### 6.5.3　借鉴意义

设计规划地块位于北京市东城区北新桥街道，涉及藏经馆、青龙、前永康、草园四个社区，规划面积为64hm$^2$。上位规划对其风貌、公共服务设施、绿色空间、居住环境提出了完善更新的要求。

场地周边交通便捷，周边绿地较多，文化和商业空间发达。在"新与旧""在地与外来""群体空间属性"等因素的影响下，街区周边发达的文化空间与内部居住空间割裂较大，不同群体存在明显的行为空间和精神空间边界。片区存在空间连续性割裂、文化延续性差、设施供给失衡的问题。提取场地内的声元素、形元素作为媒介，柔化空间和人群边界，以延续在地文化和改善人居环境。以形促声、以声辅形，形成多元人群和谐共处，多类空间宜居共生，多维时间发展共创的共生家园，探索片区发展的新路径。

（本案例参与人员为王思敏、瞿曼平）

## 6.6 旧城居住片区绿色更新设计：叠青——健康社区理念下的北京市西城区宣南绿色社区更新

### 6.6.1 设计背景

本项目位于北京市西城区二环宣南地块，北临宣武艺园市级城市公园，东南侧500m内有首都医科大学宣武医院（三甲医院），区位条件优越，周边资源丰富。然而由于历史遗留问题，项目现状是由多行低层住宅组成的胡同社区，存在居住拥挤、设施老旧、公共空间缺乏等一系列问题，居民对现代生活的需求与现状落后的社区环境之间的矛盾亟待解决（图6-41）。

通过SWOT分析可知，场地劣势为建筑面积严重不足，造成没有独立卫浴、厨房等必需生活空间；居民占用公共空间堆放杂物、垃圾未集中处理等公共空间问题严重。优势为场地位于北京宣南，北京二环内，交通便利；北部有宣武艺园提供活动场地，东南临宣武医院，就医便利；现状房屋还是有较为坚实的基础，且由市政集中供暖。机会为《北京市总体规划（2016—2035）》支持对此地块进行整改，对于老旧小区，推

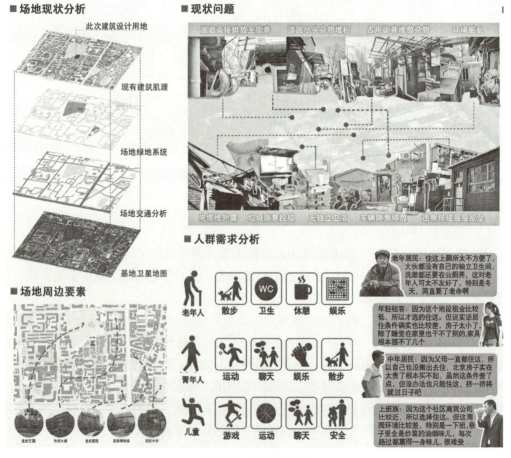

图 6-41 现状分析图

进服务设施补短板与适老化改造；居民的社区更新诉求强烈。威胁为老旧建筑与一些居民自搭建房屋有不确定的拆改危险性；公共空间还有被人为习惯性占用的可能性。以上条件均需要纳入规划的考虑中。

## 6.6.2 设计策略

### 6.6.2.1 健康社区策略

结合国家近年大力推行的《"健康中国2030"规划纲要》，响应北京市社区健康促进委员会的倡导，本方案初步尝试将传统的建筑环境更新与现代健康社区理念相结合，从胡同单体的改造出发，用现代建筑技术改善原有起居空间布局，形成新的宜居建筑形体，再结合人的尺度重新布置公共空间，探讨将北京胡同社区改造为"健康社区"的多种途径。

针对地块内的各类问题进行总结，发现居民需求集中在扩大居住面积和增设独立卫浴上，因此本方案将室内地面下沉0.9m，增大单户室内面积：一层为客厅、厨房和卫生间，二层为卧室，以钢架挑出阳台；同时拆除室外违章搭建，将私占的公共空间归还给大众，重新营造社区交流沟通的新活动空间，建立公共空间新秩序。

### 6.6.2.2 绿色建筑设计策略

在绿色建筑设计方面，为提高声环境的舒适性，可采取临街侧布高大绿植，采用高隔声性的外门窗，合理化空间布局等措施；优化采光的节能性，引入采光天窗、导光管、玻璃幕墙，选用高反射比装修材料，优化窗口位置及大小，优化室内当光结构；优化风环境的通透性，室外绿植种类的选择及合理布局，使用导风结构，优化窗口位置及大小；在建筑节能方面，使用屋顶绿化及太阳能板供电，铺装渗水路面，合理规划周边区域绿植，合理运用遮阳物，进行墙体保温，使用太阳能光伏发电系统，采用保温门、中空玻璃；在建筑节水方面，使用雨水回收技术，周边铺设雨污分流管道；在智能化管控方面，使用窗开合程度自调节技术，绿植自动灌溉技术，设备远程启停技术，外遮阳角度自调节技术，基于环境监测与快速检测的总控技术，以及人员密度的区域调整自控技术等，对单体建筑进行优化，并建立节能标准户型（图6-42、图6-43）。

## 6.6.3 借鉴意义

"健康社区"意味着人的生活应建立在健康的社区环境基础之上。本方案通过运用光伏陶瓷瓦等多种节能材料、技术及各种手段，以"节流开源"的能源利用方式尽量满足居民舒适水平和使用功能所需的大部分能源供应，从室内环境、生态环境、卫生环境、公共空间四个维度改善采光、隔音、空气质量等绿色社区评价指标，营造更健康的社区环境。与传统胡同社区相比，本方案更加关注室内空间的人居环境，通过绿

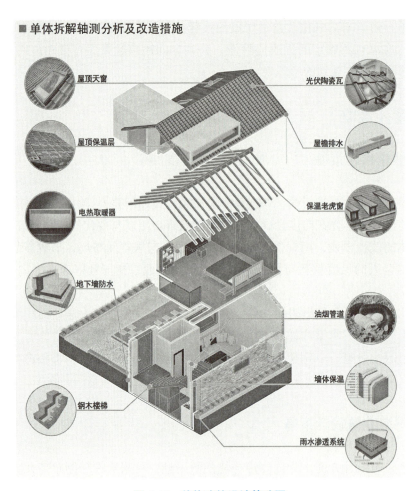

图 6-42　单体建筑设计策略图

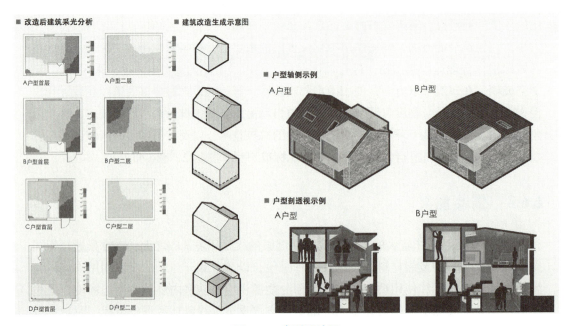

图 6-43　户型设计图

色环保建材、雨水渗透系统、新风系统、天窗及保温老虎窗等的综合运用，尽可能达到绿色建筑规范标准的要求，实现绿色社区营建。

（本案例参与人员为陈睿儿、李梓赫、周佳怡、朱沐翊）

## 6.7 旧城复合社区绿色更新设计：京韵长存，暮心长青——北京市西城区宣南医商养结合的复合型养老社区设计

### 6.7.1 设计背景

本设计为北京长西小区部分住宅和酒店改造，项目位于北京市西城区二环内的宣南地区，历史悠久。长西小区是北京宣南典型的20世纪五六十年代砖混结构住宅小区，年代较为老旧，亟待翻新；小区住宅部分现状拥挤，违建多，居住条件差，风、光、声、热、视觉卫生、消防间距等不能满足居民对于较为舒适生活的需求。酒店部分，2019年年底新冠疫情开始席卷全球，2021年依旧处于疫情时期，对于商业特别是旅游业形成巨大冲击，使得经营状况出现一定的问题，酒店营业困难，通过改建实现转型可以解决实际问题。所以，规划决定通过考察该地块的建筑质量等因素，对原有建筑进行拆改留建（图6-44）。

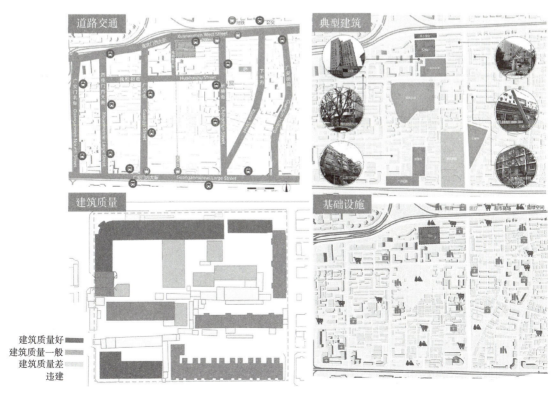

图 6-44 现状分析图

## 6.7.2 设计策略

### 6.7.2.1 拆改留建策略

拆：拆除所有的违建以及朝向不良建筑。通过风光声热日照软件对于剩余建筑进行分析，通过拆除建筑，能够有效改善场地风环境、日照、视觉卫生、热环境以及满足相关规范要求。

改：对需要改造的建筑进行分析，本小组决定对于1号、11号建筑进行重点改造。①平面中去除非承重墙，使住宅空间更为整合，空间的功能更为复合，给人更为开敞之感。②住宅一层的居住功能改为公共活动空间，既解决了住宅一层的日照不达标问题，又使得居民拥有更丰富的活动空间。③原本有隔墙阳台改为半开放式阳台，提升室内采光。④优化楼板、地面、外墙、隔墙、窗户、屋顶、门等部分围护构件的材质以及工程做法，使得住宅在不改变原本受力结构的情况下，能够满足节能设计、采光、隔声要求（图6-45）。

留：保留建筑质量较好的建筑与服务性建筑，地块西南侧为派出所所在地，涉及十五分钟生活圈居住区级公共服务设施，搬迁较为困难，故予以保留。

建：西侧增设一层底商，与酒店一层形成地块西侧的商业部分，使得地块功能更为复合，也能给周围居住街坊范围提供服务，使得居民生活更加便利。

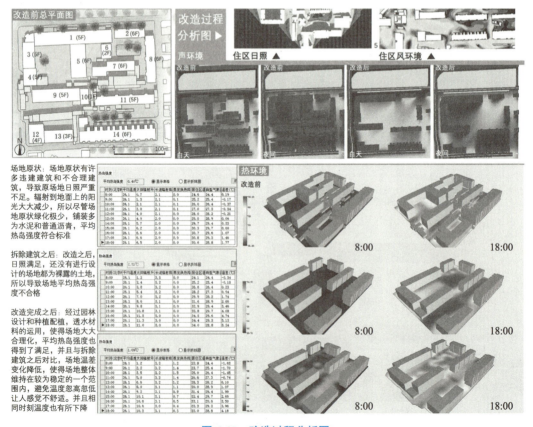

图 6-45 改造过程分析图

#### 6.7.2.2 建筑改造策略

酒店改建相对自由,而且本身享受充分的日照,故改造成医疗养老综合体建筑,南北向部分作为机构养老的居住楼,东西向作为办公、食堂、底商等功能集中的综合楼,此处只分析南北向的居住部分。由于酒店原本是钢筋混凝土框架结构,墙体的打通改变比较自由,因此将改变主体建材作为主要的切入点,以优化外墙保温和墙体加固的材质为辅;门窗也都做了材料上的相应更换以减少能耗。酒店建筑年代较新,但仍有一小部分条件不满足,通过一系列的资料查询和材料优化,最终使得全部检查条件得以满足(图6-46)。

#### 6.7.2.3 雨水花园策略

为增加场地的生态性和可持续性,本次更新改造采用了雨水花园策略,分为以下两方面(图6-47)。

结构剖面:以植草沟结构为例,由内而外一般为砾石排水层、填料层、种植土层、蓄水层,划分为边缘区、缓冲区、蓄水区对雨水进行吸收。

雨水分析:雨水通过道路流到树池,首先汇集到边缘区,最后到达蓄水区吸收,利用植物截流、土壤渗滤净化雨水、减少污染。

图 6-46　酒店改造分析图

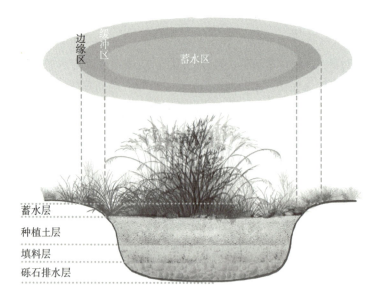

图 6-47 雨水花园改造分析图

### 6.7.3 借鉴意义

本设计为北京长西小区部分住宅和酒店改造，项目位于北京市西城区二环内的宣南地区，历史悠久，是皇城文化、仕子文化、民俗文化、宗教文化等各种文化高度融合的核心区域。长西小区是北京宣南典型的20世纪五六十年代砖混结构住宅小区，年代较为老旧，亟待翻新；且北临护城河（虽然护城河被暂时引入地下，但按照上位规划应恢复历史水系）与大片绿地；向南有宣武艺园以及宣武医院，拥有良好的周围绿地开放空间和医疗卫生条件，地块兼具北京20世纪50年代住宅的典型性、地理位置的独特性与不可替代性。

（本案例参与人员为贾贺阳、赵书捷、王亭予、郭悦、郑星婕）

## 6.8 生态新城国土空间规划设计：创智"绘"展，水绿"漾"城——湖北省武汉市杨春湖生态会展商务区核心片区规划设计

### 6.8.1 规划设计背景

#### 6.8.1.1 项目概况

中国高速铁路网络的迅速铺开，强力驱动着全国城市与区域的发展。杨春湖高铁商务区紧邻武汉高铁站。城市发展与高铁交通的耦合，正是中国高铁举措成功的典型

案例。设计规划场地位于杨春湖商务区核心片区，武汉火车站以西，以北洋桥公园为核心，滨东湖和杨春湖。总体区位优势明显，上位生态、商务休闲导向明确。

#### 6.8.1.2 现状分析

杨春湖商务区核心发展区是新经济平台的空间载体，功能上突出创新交流。上位规划上，江风湖韵的定位，确定了场地的生态保护底色；火车站作为城市枢纽之一，要打造门户特色；场地紧邻长江和东湖，区位优势明显，要充分发挥场地滨水特色。

生态格局上，场地位于大东湖绿楔上，滨水、临山以及临主干路的建设应当增加空间开敞度；住宅色彩应符合暖白灰橙的城市主色调，并与周边环境相协调；增加立体绿化、提高垂湖道路中线两侧100m进深范围内的绿化覆盖率和公共开放性。

产业布局上，武汉市目前已经形成了"一主两辅"的格局，但仍然存在已建成的展馆吸引力不足，场馆交通不便利的情况。场地位于杨春湖片区，紧邻武汉高铁站，濒临东湖和杨春湖，具有良好的发展会展区位优势。后期强调与武汉国博中心的差异化发展策略，填补武汉市在专业会展产业方面的不足。

通过对场地周边的蓝绿网络在不同尺度上的分析可以得出，宏观尺度上位于武汉"十"字形山水生态轴上；中观尺度北部为长江，南邻东湖；微观尺度场地内规划为北洋桥公园，东北方向紧邻杨春湖公园。周边高架桥多，道路质量有待提高，断头路较多；目前仅有地铁4号线、5号线，且4、5号线并没有连通，10号线和新港线正在建设中，地铁线路并不发达；公交站点分布均匀，公交线路较全面，可以满足日常需求（图6-48）。

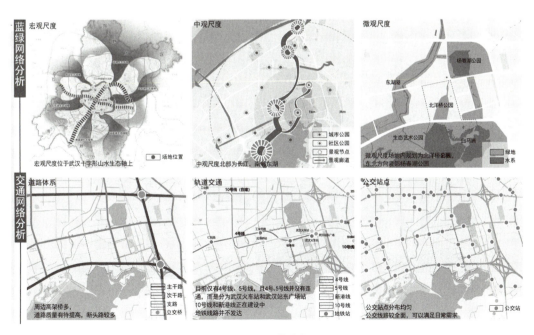

图 6-48 现状分析图

## 6.8.2 规划设计策略

本次规划设计从场地的蓝绿本底入手,以绿为心、以水为依、以站为引,依托高铁优势和生态本底,利用会展产业主导,与其他衍生产业互动共赢,推进专业服务、会展科研、休闲配套的复合发展,打造蓝绿共生、创智共享、宜居乐活的区域特色生态高铁商务区。

### 6.8.2.1 链水策略

首先,杨春湖及东湖生态环境遭到破坏,场地绿地斑块化,有待绿化整治,中心公园生态环境与功能有待修复,杨春湖水域面积大幅度萎缩、功能退化。基于以上现状,采取南北贯通资源涵养的策略,对现状水系和廊道进行梳理,水体净化、岸线柔化、周边活化。其次,进行雨水收集利用,结合洪涝空间的弹性利用打造海绵城市,进行循环利用、弹性利用。最后,针对性的生态修复技术,对垃圾填埋场进行稳植被重建定化处理的绿色技术(图6-49)。

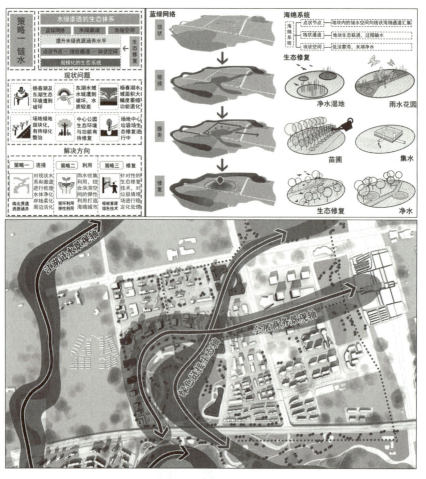

图6-49 链水策略分析图

#### 6.8.2.2 融城策略

基地内西北侧大部分为非建设用地，紧邻的高铁站大量人流缺少引导，高架桥割裂中央公园与南部水域，片区提供给居民的工作岗位较少，土地利用类型无法支撑未来高铁辐射，现有社会网络遭到破坏。对于以上现状，进一步强化武汉站换乘中枢职能，业态引导、视线引导；发挥枢纽的集散功能导入产业，催化片区发展——枢纽+产业塑造；在公共交通层面建设立体便捷枢纽中心——人车分流、快慢分流（图6-50）。

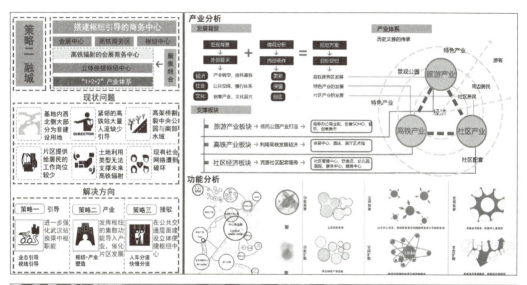

图 6-50　融城策略分析图

#### 6.8.2.3 织网策略

原有居住区网络有待整治和梳理，原有城中村尚未拆除，高架桥割裂南北，慢行空间割裂，土地利用类型单一，生态生产生活空间割裂，现有社会网络遭到破坏。生态生产生活空间慢行连接，打造慢游网络实现生态生产生活空间的有效连接；生活网络智能汇集，实现智能出行、智能建筑、智能民生智能设施汇集；社区网络立体缝合，通过新旧社区的整体开发促进社区缝合（图6-51）。

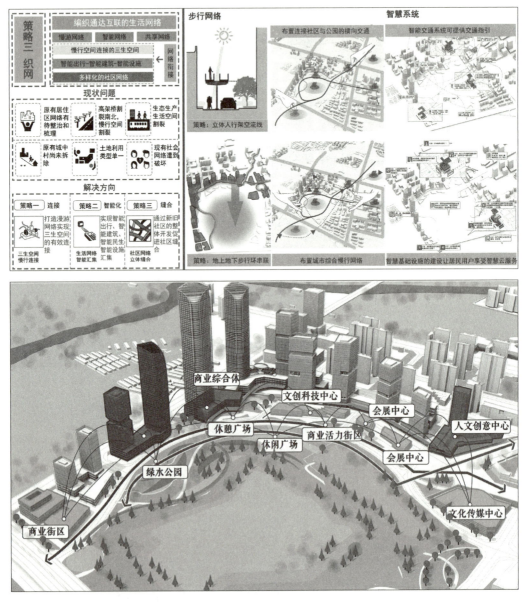

图 6-51 织网策略分析图

#### 6.8.2.4 塑形策略

针对公园风貌较差，生态环境仍需整治；现状建筑景观环境混乱，有待规划；高铁站至公园的视觉通廊被遮挡；高架桥割裂中央公园与南部水域天际线有待整治，缺少标志性建筑等一系列问题，提出塑性策略。首先，南低北高以城环绿，形成"以绿为心"的南低北高、"以城环绿"的梯级控制格局；其次，地标建筑打造视廊，强化场地天际线控制，塑造地标性建筑物；最后，立体塑造慢行沟通，进行建筑立体化建设，廊道连接建筑形成立体交流（图6-52）。

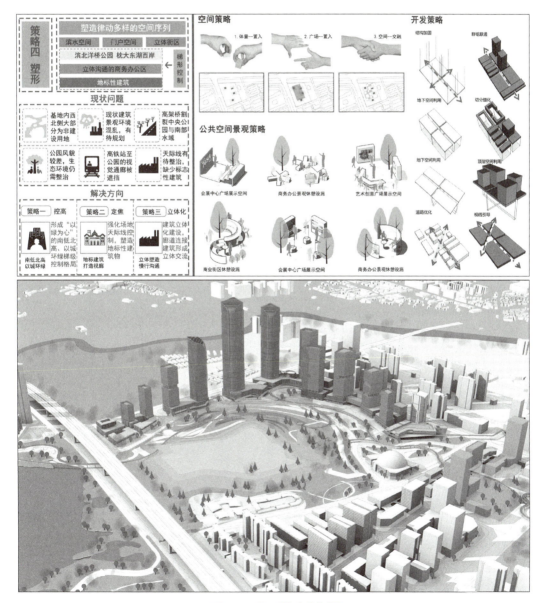

图 6-52 塑形策略分析图

#### 6.8.2.5 中心公园设计策略

设计方案中采用了公园场地修复、封场覆盖、堆体改造、封顶覆盖层等手段，此外进行填埋气处理与收集、渗滤液处理、空气注入、空气抽排、渗滤液抽取与回灌、堆土覆盖和环境监测。采用景观手法，结合地形设计、植物重建，进行雨洪管理和功能注入。

在原有基础上进行功能提升，突出公园游憩、主题活动功能。设置空中廊道、活力步行、生态湿地等区域，承载主题节日、环保教育、植物教育、农业教育、文化展览等活动。对于场地治理采取近远期结合的手段，5~10年内进行封场覆盖与渗滤液处理后，实施土壤治理、水环境提升、场地复绿等初步整治手段；10~20年内，对土壤、水质等进行进一步整治，丰富植物层次，营造生境，培育景观层次丰富的景观空间（图6-53、图6-54）。

### 6.8.3 借鉴意义

本设计场地位于杨春湖商务区核心片，武汉火车站以西，以北洋桥公园为核心，濒临东湖和杨春湖。总体区位优势明显，上位生态、商务休闲导向明确。所以本次

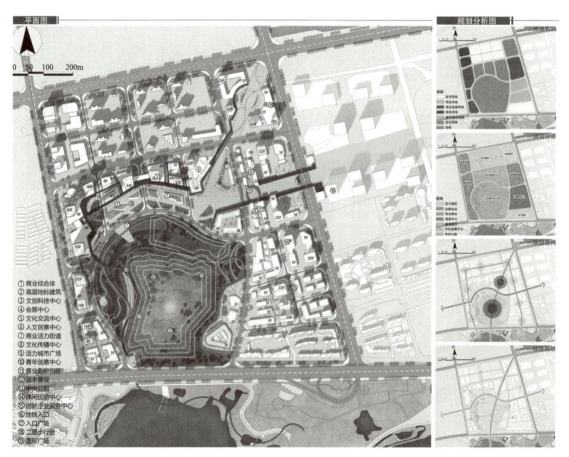

图6-53 中心公园平面图

图 6-54 中心公园鸟瞰图

规划设计从场地的蓝绿本底入手,以绿为心、以水为依、以站为引,依托高铁优势和生态本底,利用会展产业主导,与其他衍生产业互动共赢,推进专业服务、会展科研、休闲配套的复合发展,打造蓝绿共生、创智共享、宜居乐活的区域特色生态高铁商务区。

(本案例参与人员为张小勇、贡玥、王子宁、闫兴宝、胡晓敏)

## 6.9 工业遗产绿色更新设计:"锈"色绿舟——文化生态双修视角下湖北省武汉市汉阳铁厂适应性更新设计

### 6.9.1 设计背景

#### 6.9.1.1 项目概况

武汉市汉阳铁厂,作为中国近现代工业发展的象征,承载着这座城市乃至整个国家的工业记忆(图6-55)。这座曾经的钢铁巨擘见证了中国工业化的艰辛历程,然而,随着时代的变迁,汉阳铁厂的辉煌逐渐褪色,取而代之的是一片被遗弃的工业废墟。

图 6-55　基地区位分析图

面对日益迫切的城市更新需求，如何在保护这一宝贵工业遗产的同时，实现区域的生态修复与文化复兴，成为我们必须思考的重要课题。项目从"文化生态双修"的视角出发，探讨如何通过适应性更新设计，使汉阳铁厂焕发新的生机，成为武汉市文化复兴的重要组成部分。

#### 6.9.1.2　现状分析

基地位于武汉市汉阳区汉阳钢铁厂片区，北临琴台大道，东侧是江城大道，京广铁路线穿基地中部而过，规划用地面积36.27hm$^2$（图6-56）。

文化方面，汉阳铁厂曾经是中国工业化进程中的重要一环，见证了武汉从传统城市向现代工业城市的转型。然而，随着工业生产的停止，厂区内的建筑逐渐破败，曾经充满活力的工业区如今已成为一片荒芜之地。汉阳铁厂区域内共包含33处工业遗址，其中17处为二级工业遗址，16处为三级工业遗址（图6-57）。不同等级的工业遗址在保护方式上有着严格的要求，这不仅要求对建筑外观的修缮，还包括对其历史价值的深入挖掘与展示。尽管周边已建设了张之洞与武汉博物馆等文化设施（图6-58），但这些设施尚未能有效激活整个区域的文化活力，亟待通过新的设计手段来提升基地的文化感染力。

第 6 章 绿色街区规划设计实践

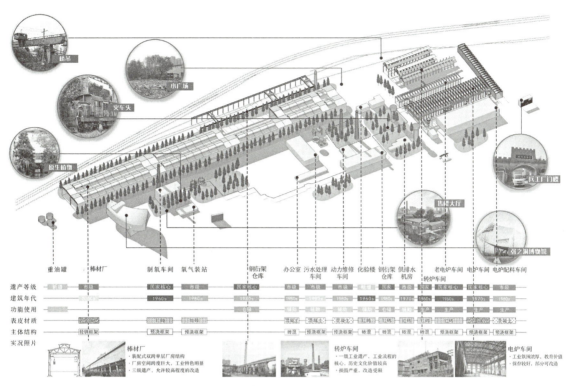

图 6-56 基地内部空间环境分析图

图 6-57 基地现状建设图

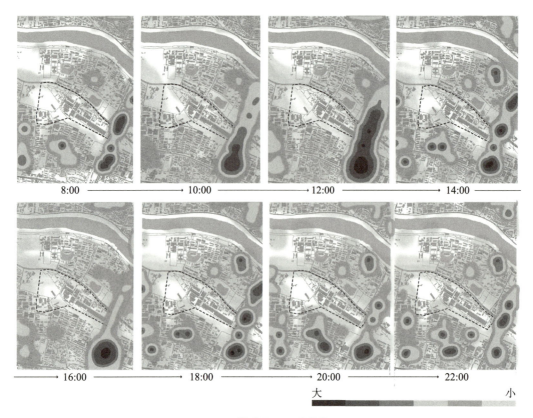

图 6-58　基地周围区域热力图

生态方面，长期的工业活动对汉阳铁厂的生态环境造成了严重破坏。土壤污染、水体污染以及植被退化问题非常突出，尤其是土壤中堆积的大量工业废料，导致了生态系统的失衡（图6-59）。设计任务书指出，针对这些问题，设计应采用生态修复技术，包括使用耐污染的本地植物进行土壤修复，并在基地内规划生态涵养公园，以恢复基地的生态功能。生态修复不仅是为了改善环境，更是为了为市民提供一个亲近自然的空间，使历史与自然在同一基地内和谐共存。

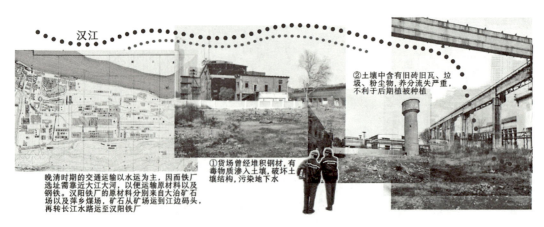

图 6-59　基地内部生态问题分析图

区域空间方面，京广铁路将汉阳铁厂基地分割为东西两部分，造成了明显的区域空间隔离。铁路作为基地的一个强硬界面，阻碍了区域内部的交流与连接（图6-60）。任务书强调了在更新设计中必须解决这一问题，通过优化道路交通系统，加强区域内部及其与周边区域的连接。此外，基地周边的基础设施落后，生活品质低下，这些问题不仅影响了居民的生活质量，也制约了整个区域的再发展。因此，在更新设计中，必须通过合理的交通组织和基础设施的提升，重塑区域活力。

图6-60 基地区域问题分析图

## 6.9.2 设计策略

在方案初期的设计思路上，主要以问题为导向，通过前期的调查研究，总结基地关于生态、文化和区域发展三方面主要问题，以"文化生态双修"这一设计概念为指引，提出设计策略和设计手段，接着深化方案细节和重要节点，形成最终的设计方案（图6-61）。

基地被铁路线分为东西两部分，其中东部为设计目标实现的主基地；西部主要是商业区和居住区，作为基地内的辅助功能。基地中央有一条景观轴线，名为"中央锈带"，贯穿基地东西（图6-62）。

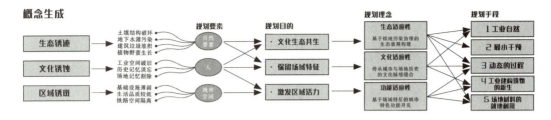

图 6-61　设计理念分析图

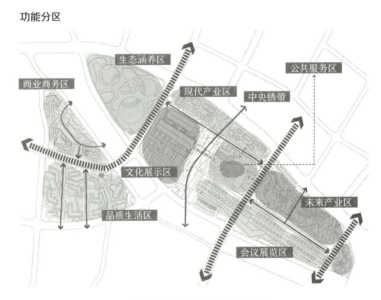

图 6-62　功能分区分析图

根据产业种类将东部基地分为文化展示区、现代产业区、未来产业区，三个产业区的中心区域是公共服务区，为产业园区内的人们提供服务类设施。旧棒材厂的区域规划为会议展览区，为园区内的企业提供产品展示和交流合作的平台。"舟"形基地的船头位置规划为生态涵养区，结合基地内的污染治理和生态修复打造区域内的生态涵养公园。

西部基地南北两片区分别规划为商业商务区和品质生活区。商业商务区主要由新建的高低混合的商务办公楼组成，包括高档酒店、SOHO住宅、电商销售、附属商业等多个功能版块。品质生活区是为基地内产业园区的工作人员设计的人才公寓，实现居住、办公、休闲的功能适度混合。

#### 6.9.2.1　文化修补策略

**（1）打造工业文化展示区，通过新技术新体验展示汉阳铁厂的历史与文化**

转炉车间AR文化体验馆利用虚拟现实技术，让来访者体验虚实结合的工业文化；电炉车间教育宣传基地通过寓教于乐的方式，为亲子游和教育机构提供了解工业历史的机会；工业时光展厅展示了汉阳铁厂的历史遗物，让来访者探索其兴衰历程（图6-63）。

# 第6章 绿色街区规划设计实践

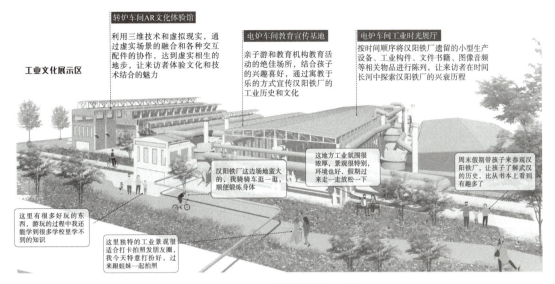

图 6-63 工业文化展示区分析图

**（2）打造现代文化产业园区，为文化创意产业提供了发展空间和创新机会**

园区为文化品牌、艺术家工作室等提供展示和发展的平台，通过举办文化活动和设计文创产品，宣传汉阳铁厂的文化底蕴。简洁现代的建筑设计和屋顶花园不仅提升了基地环境，还促进了办公者的身心健康（图6-64）。

**现代文化产业园区介绍**

现代产业园区以文化创意产业为主，为各类文化品牌、艺术家工作室、影视制作、广告传媒等提供发展空间和发展机会。同时也能通过设计文创产品和举办文化活动为宣传汉阳铁厂

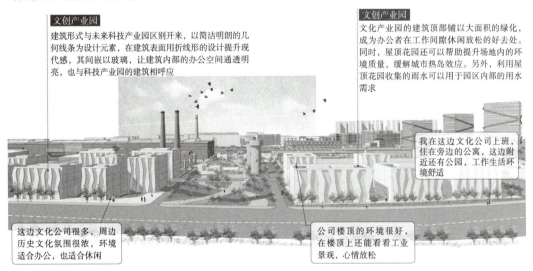

图 6-64 现代文化产业园区分析图

**（3）打造未来科技产业园区，专注于数字经济产业的创新与应用**

园区依托武汉的高校资源和政府支持，推动6G、元宇宙等前沿技术的发展，并通过展示和活动吸引人流。科技感十足的建筑设计与张之洞博物馆的历史建筑形成呼应，进一步提升了基地的文化内涵（图6-65）。

#### 未来科技产业园区介绍

未来产业园区主要以武汉市近年来大力培养的数字经济产业为主。依托武汉市内优质的高校资源和科技公司基础，政府提供适当的政策和资金支持，鼓励企业在数字经济的前沿领域进行探索，诸如6G、元宇宙等当下的热门领域。园区内企业可以和政府合作，将新兴技术应用在城市的基础设施建设，提升城市治理水平和生活环境。还可以将技术在汉阳铁厂的文化体验馆内进行展示和测试，结合AR、VR等技术，举办特别活动吸引人流。

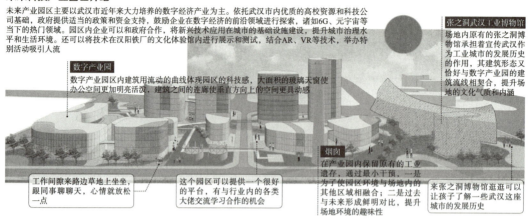

图 6-65　未来科技产业园区分析图

### 6.9.2.2　生态修补策略

**（1）优化生态格局，确保基地生态功能的全面提升**

基地通过点、线、面的结合，形成了"两片一轴一带多点"的生态结构（图6-66、图6-67）。生态公园和锈色花园作为主要生态面，在处理污染土壤的同时，提供了绿色休憩空间。景观轴线和林荫大道作为生态线条，不仅加强了基地东西向的连接，还通过植物美化环境，提升了基地的生态品质。原生植物与生态建筑作为生态点，与工业景观形成鲜明对比，构建了独特的工业自然景观，同时屋顶花园等生态建筑也促进了环境的美化和社区互动。

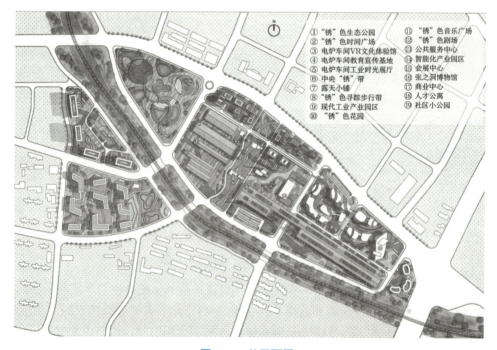

图 6-66　总平面图

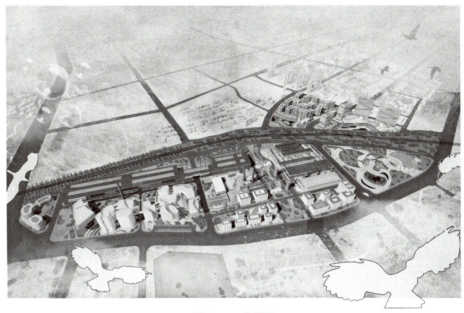

图 6-67 鸟瞰图

**（2）设计生态涵养公园，处理污染并创造共享的绿色空间**

闲置用地通过科学处理场区内的污染物质，转化为绿色、开放、共享的城市公园。废料掩埋区塑造了地形，并采取安全隔离措施，防止二次污染，同时利用雨水收集和处理技术，保障了生态安全。工业时光广场将废弃工业遗存转化为具有教育和观赏价值的景观雕塑，结合雨水净化装置，提升了公园的功能性和吸引力。

**（3）打造中央"锈"带，营造多功能活动空间的核心**

这条主要步行通道通过树荫草地、速生植物、樱花大道和原生树林等景观设计，迅速提升了基地的景观质量，丰富了市民的休憩和活动体验。季节性花卉景观为园区入口增添了吸引力，成为基地的标志性景观，进一步强化了中央"锈"带作为基地核心的多功能性。

**（4）多样性植物选择，促进基地快速修复**

生态设计中选用了适应武汉气候的原生植物和乡土植物，以优化基地的生态功能。通过保留原生植物，减少了生态修复成本，并在特定区域引入光叶石楠、洋白蜡等对空气和土壤有净化作用的树种，加快了基地的生态恢复。地被植物的选择则有助于快速覆盖裸露土地，进一步促进基地的生态修复和环境美化。

## 6.9.3 借鉴意义

"锈"色绿舟的设计不仅是对汉阳铁厂历史文化的保护与延续，更是对未来区域发展的前瞻性探索。在"文化生态双修"理念的引导下，汉阳铁厂将焕发新的生机，成为一个融合过去、现在与未来的城市新地标。通过工业遗产的修复与再利用，生态环境的重塑与提升，文化与科技的创新结合，这一项目不仅提升了区域的文化与生态价值，也为武汉市的城市更新提供了宝贵的经验和启示。

（本案例参与人员为吴诗婕）

## 小　结

本章主要介绍了绿色街区规划设计实践案例和策略措施。通过对旧城绿色街区更新、大学校园绿色更新、历史街区城市更新、绿色社区更新竞赛、生态新城规划竞赛等多个案例的分析，展示了绿色街区规划设计在城市可持续发展中的重要性和实践意义。在实践中，注重社区参与和共建、优化道路绿化、重视绿色建筑设计、推广绿色出行方式、平衡社会经济效益和生态效益、利用现代科技手段等方面是关键措施。通过这些实践案例和策略措施的总结，可以为城市规划和设计领域的从业者、学生以及相关决策者提供实用的指导和启示，帮助他们更好地应对城市化和环境挑战，推动绿色街区规划设计的实践创新，共同建设更美好、可持续的城市未来。

## 思考题

1. 在绿色街区规划设计中，为什么要注重社区参与和共建？社区参与如何促进绿色街区的可持续发展？

2. 绿色街区规划设计中提到了哪些措施可以提高居民的生活质量和幸福感？这些措施如何与绿色建筑和景观设计相互关联？

3. 在绿色街区的交通规划中，为什么要推广绿色出行方式？绿色出行方式对城市环境和居民健康有何益处？

4. 绿色街区规划设计中如何考虑社会经济效益和生态效益的平衡？这种平衡对于绿色街区的可持续发展有何重要性？

5. 在绿色街区规划设计中，如何利用现代科技手段（如智能化系统、大数据分析等）来提升绿色街区的管理效率和环境友好性？

## 拓展阅读

1.《林之心：北京林业大学校园景观更新——"连接"与"疗愈"》
https://mp.weixin.qq.com/s/LWEn4RyBVLpe42HbQtPDnQ。

2.《小菊低碳生活手册——基于低碳理念小菊街区城市微更新改造》
https://mp.weixin.qq.com/s/Kx1CT5JH-ihUndV8oFghQQ。

3.《共享·绿色·家园——基于时空耦合观念的民安街区与北新仓街区城市更新设计》
https://mp.weixin.qq.com/s/zuiyGQaFnCOArD-69HTyoQ。

4.《全国绿色建筑设计技能大赛获奖案例》
https://mp.weixin.qq.com/s/F0885s5IK-8t1wfvtqgyAQ。

# 参考文献

陈一欣，曾辉，2023. 我国低碳社区发展历史、特点与未来工作重点[J]. 生态学杂志，42（8）：2003-2009.

陈泳，严婷，2023. 步行友好导向的生活街道交叉口设计策略——以欧美12个更新项目为例[J]. 建筑技艺，29（10）：61-66.

邓凯旋，张照，王骏，2023. 数字化背景下城市形态智能设计的涌现与探索[J]. 城乡规划（3）：80-90.

董雅文，1982. 城市生态研究的某些进展[J]. 生态学杂志（1）：44-47，65.

段进，邱国潮，2008. 国外城市形态学研究的兴起与发展[J]. 城市规划学刊（5）：34-42.

DAHL J，李华东，王晓京，2011. 城市空间与交通——哥本哈根的策略与实践[J]. 建筑学报（1）：5-12.

冯烽，崔琳昊，2023. 全球价值链嵌入与城市绿色技术创新：影响与机制[J]. 城市问题（10）：4-13.

樊钧，唐皓明，叶宇，2019. 街道慢行品质的多维度评价与导控策略——基于多源城市数据的整合分析[J]. 规划师，35（14）：5-11.

冯国会，吴苏洋，常莎莎，2023. 零碳建筑及其关键技术分析[J]. 节能，42（5）：68-72.

谷凯，2001. 城市形态的理论与方法——探索全面与理性的研究框架[J]. 城市规划（12）：36-42.

耿宏，沈小华，陈亮，2018. 浅谈海绵城市设计途径与展望[J]. 市政技术，36（4）：166-168.

顾康康，赵晓红，崔雨乐，等，2023. 城市街区通风效能评估及空间优化研究[J]. 工业建筑，54（10）：106-116.

郭显亮，薛晓莉，韩波航，等，2024. 一种基质栽培式鱼菜共生系统的构建方法[J]. 科学养鱼（1）：30-31.

韩佳琦，2022. 绿色交通理念下的慢行系统规划设计[J]. 城市建设理论研究（电子版）（29）：145-147.

和晓艳，2013. 屋顶绿化的相关技术研究[D]. 南京：南京林业大学.

黄金琦，1994. 屋顶花园设计与营造[M]. 北京：中国林业出版社.

黄媛，2010. 夏热冬冷地区基于节能的气候适应性街区城市设计方法论研究[D]. 武汉：华中科技大学.

金建伟，2010. 街区尺度室外热环境三维数值模拟研究[D]. 杭州：浙江大学.

吉沃尼，2011. 建筑设计和城市设计中的气候因素[M]. 北京：中国建筑工业出版社.

蒋涤非，2007. 城市形态活力论[M]. 南京：东南大学出版社.

卡莫纳，等，2005. 城市设计的维度·公共场所——城市空间[M]. 南京：江苏科学技术出版社.

克利夫·芒福汀，2004. 绿色尺度[M]. 陈贞，高文艳，译. 北京：中国建筑工业出版社.

李呈琛，张波，李开宇，2013. 国外可持续街区研究、实践及其对中国的借鉴[J]. 国际城市规划，28（2）：53-56.

李小聪，2024. 基于大数据云计算网络环境的数据安全问题研究[J]. 网络安全技术与应用（8）：60-61.

李红叶，陈森林，2011. 中国可再生能源发电发展战略探讨[J]. 中国农村水利水电（3）：131-135.

李景文，乔建刚，付旭，等，2019. 基于模糊故障树的抗浮锚杆系统失效分析[J]. 安全与环境学报，112（4）：1128-1134.

刘陈琳，2023. 浅谈"光储直柔"建筑对推动实现碳达峰、碳中和目标的重要意义[J]. 暖通空调，53（S2）：456-459.

刘代云，2007. 论城市设计创作中街区尺度的塑造[J]. 建筑学报（6）：1-3.

刘志林，戴亦欣，董长贵，等，2009. 低碳城市理念与国际经验[J]. 城市发展研究，16（6）：1-7，12.

林宪德，1999. 城市生态[M]. 台北：詹氏书局.

刘铮，王世福，莫浙娟，2017. 校城一体理念下新城式大学城规划的借鉴与反思：以比利时新鲁汶大学城为例[J]. 国际城市规划（6）：108-115.

林波荣，等，2015. 绿色建筑性能模拟优化方法[M]. 北京：中国建筑工业出版社.

罗正，2022. 工业景观范畴下城市湿地公园规划设计[D]. 南宁：广西大学.

缪东东，2023. 建筑外墙外保温和自保温节能技术浅析[J]. 四川水泥（3）：73-75.

倪蔚超，2017. 大学图书馆阅览空间天然光环境评价与设计研究[D]. 广州：华南理工大学.

聂重军，黄琼，2013. 道路与桥梁工程概论[M]. 北京：中国建材工业出版社.

裘黎红，周萍，2019. "净零碳——绿色建筑未来核心"国际高峰论坛在西安召开[J]. 建筑设计管理（3）：6-8.

茹斯·康罗伊·戴尔顿，窦强，2005. 空间句法与空间认知[J]. 世界建筑（11）：33-37.

任星奕，2018. 建筑外墙保温技术利弊分析[J]. 建筑技术开发，45（6）：97-98.

孙娟，2022. 城市街区减碳规划方法集成体系[J]. 城市规划学刊（6）：102-109.

史北祥，杨俊宴，2019. 基于GIS平台的大尺度空间形态分析方法——以特大城市中心区高度、密度和强度为例[J]. 国际城市规划，34（2）：111-117.

宋珊珊，2015. 基于低影响开发的场地规划与雨水花园设计研究[D]. 北京：北京林业大学.

王轩轩，段进，2006. 小地块密路网街区模式初探[J]. 南方建筑（12）：53-56.

威廉·M. 马什，2006. 景观规划的环境学途径[M]. 朱强，黄丽玲，俞孔坚，译. 北京：中国建筑工业出版社.

王慧芳，周恺，2014. 2003—2013年中国城市形态研究评述[J]. 地理科学进展，33（5）：689-701.

王玲玲，张艳国，2012. "绿色发展"内涵探微[J]. 社会主义研究（5）：143-146.

王效科，苏跃波，任玉芬，等，2020. 城市生态系统：人与自然复合[J]. 生态学报，40（15）：5093-5102.

吴智刚，缪磊磊，2005. 城市生态社区的构建研究[J]. 华南师范大学学报（社会科学版）（5）：43-49，54，158.

王润娴，石纯煜，毛键源，2021. 从产能建筑到能效城市[J]. 城市建筑，18（23）：55-59.

王影，2015. 人工净水湿地工艺模式及形态建构方法研究[D]. 哈尔滨：哈尔滨工业大学.

魏海琪，2017. 海绵城市背景下的城市人工湿地设计研究[D]. 北京：北方工业大学.

肖彦，2011. 绿色尺度下的城市街区规划初探[D]. 武汉：华中科技大学.

辛玲，2011. 低碳城市评价指标体系的构建[J]. 统计与决策（7）：78-80.

徐浩，2017. 以海绵城市为导向的街区城市设计策略研究[D]. 苏州：苏州科技大学.

徐会，赵和生，刘峰，2016. 传统村落空间形态的句法研究初探——以南京市固城镇蒋山何家—吴家村为例[J]. 现代城市研究（1）：24-29.

伊恩·伦诺克斯·麦克哈格，2006. 设计结合自然[M]. 芮经纬，译. 天津：天津大学出版社.

杨龑，2021. 城市街区绿色改造规划设计策略研究[J]. 住宅科技，41（5）：33-41

闫云飞，张智恩，张力，等，2012. 太阳能利用技术及其应用[J]. 太阳能学报，33（S1）：47-56.

禹文豪，艾廷华，刘鹏程，等，2015. 设施POI分布热点分析的网络核密度估计方法[J]. 测绘学报，44（12）：1378-1383，1400.

杨亦松，2021. 基于空间句法理论的公园活动空间组织与使用者行为研究[D]. 北京：北京林业大学.

臧鑫宇，陈天，王峤，2014. 生态城市设计研究层级的技术体系构建[J].《规划师》论丛（10）：64-72.

臧鑫宇，2015. 绿色街区城市设计策略与方法研究[D]. 天津：天津大学.

臧鑫宇，王峤，陈天，2017. 绿色视角下的生态城市设计理论溯源与策略研究[J]. 南方建筑（2）：14-20.

臧鑫宇，王峤，陈天，2017. 生态城绿色街区可持续发展指标系统构建[J]. 城市规划，41（10）：68-75.

臧鑫宇，陈天，王峤，2017. 基于景观生态思维的绿色街区城市设计策略[J]. 风景园林（4）：21-27.

臧鑫宇，陈天，王峤，2018. 绿色街区——中观层级的生态城市设计策略研究[J]. 城乡规划（2）：82-90.

周钰，赵建波，张玉坤，2012. 街道界面密度与城市形态的规划控制[J]. 城市规划，36（6）：28-32.

卓健，王博睿，沈尧，2022. 重新认识"小街区、密路网"开放街区的绿色交通组织[J]. 时代建筑（1）：6-13.

朱真，朱之悌，1999. 毛白杨遗传转化系统的研究[J]. 植物学报，41（9）：936-9.

庄智，余元波，叶海，等，2014. 建筑室外风环境CFD模拟技术研究现状[J]. 建筑科学，30（2）：108-114.

张愚，王建国，2004. 再论"空间句法"[J]. 建筑师（3）：33-44.

张梦，李志红，黄宝荣，等，2016. 绿色城市发展理念的产生、演变及其内涵特征辨析[J]. 生态经济，32（5）：205-210.

张士菊，李清，余尚蔚，2024. 武汉市城市韧性建设评价及提升策略[J]. 安全与环境工程，31（3）：65-75.

章林伟，2019. 我国海绵城市的建设与挑战[J]. 江苏建筑（6）：1-3.

AJUNTAMENT DE BARCELONA. Urban mobility plan of barcelona PMU 2013-2018[EB/OL]. [2024-04-10]. https：//bcnroc. ajuntament. barcelona. cat/jspui/handle/11703/85163.

BERRY B J L，KASARDA J D，1977. Contemporary urban ecology[M]. New York：Macmillan Publishing.

BIBRI S E，KROGSTIE J，KÄRRHOLM M，2020. Compact city planning and development：Emerging practices and strategies for achieving the goals of sustainability[J]. Developments in the Built Environment（4）：100021.

BAFNA S，2003. Space syntax：A brief introduction to its logic and analytical techniques[J]. Environment and Behavior，35：17-29.

CHENG J，YI J，DAI S，et al.，2019. Can low-carbon city construction facilitate green growth? evidence from China's pilot low-carbon city initiative[J]. Journal of Cleaner Production，231：1158-1170.

CLAUS，JEAN，et al.，2012. Wind-direction effects on urban-type flows[J]. Boundary-layer Meteorology，142：265-287.

DING C. HE X，2004. K-Nearest-Neiphbor in data clustering：lncorporating local information into global optimization[C]//Proc. of the ACM Symp. on Applied Computing[C]. Nicosia：ACM Press，584-589.

ERNST HAECKEL，1866. Generelle morphologic der organismen [M]. Berlin：de Gruyter.

ESTER M，KRIEGEL H P，SANDER J，et al.，1996. A density based algorithm for discovering clusters in large spatial databases with noise[C]//Simoudis E，Han J W，Fayyad U I M，eds. Proceedings of the 2nd

International Conference on Knowledge Discovery and Data Mining[C]. Portland：AAAI Press：226-231.

GAUTHIEZ B，2004. The history of urban morphology[J]. Urban Morphology，8（2）：71-89.

HILLIER B，1996. Space is the machine：A configurational theory of architecture[M]. Cambridge：Cambridge University Press.

GELBARD R，GOLDMAN O，SPREGLER I，2007. Investigating diversity of clustering methods：An empirical comparison[J]. Data & Knowledge Engineering，63（1）：155-166.

JAIN A K，DUBE R C，1988. Algorithms for clustering data[J]. Prentice-Hall Advanced Reference Series，1-334.

LEIGHLY J B，1928. The towns of Malärdalen in Sweden：A study in urban morphology[J]. University of California Publications in Geography（3）：1-134.

MEES PAUL，2014. TOD and muli-modal public transport[J]. Planning Practice & Research，29（5）：461-470.

PARK R E，1915. The city：Suggestions for the investigation of human behavior in the city environment[J]. American journal of sociology，20（5）：577-612.

PEACHAVANISHR，KARIMI H A，AKINCI B，et al.，2006. An ontological engineering approach for integrating CAD and GIS in support of infrastructure management[J]. Advanced Engineering Informatics，20（1）：71-88.

SOLERI P. ARCOLOGY，1969. The city in the image of man[M]. Cambridge，MA：MIT Press.

STARICCO L，BROVARONE E V，2022. Livable neighborhoods for sustainable cities：Insights from Barcelona [J]. Transportation Research Procedia，60：354-361.

TANSLEY A G，1935. The use and abuse of vegetational concepts and terms[J]. Ecology，16（3）：284-307.

WU J，2014. Urban ecology and sustainability：The state-of-the-science and future directions[J]. Landscape and Urban Planning，125：209-221.

YE L，SHIXUAN L，SHIYAO X，et al.，2023. A review on the policy，technology and evaluation method of low-carbon buildings and communities[J]. Energies，16（4）：1773.

YU Y，2022. Explore the theoretical basis and implementation strategy of low-carbon urban community planning[J]. Frontiers in Environmental Science（10）：20-24.

ZOU C，HUANG Y，WU S，et al.，2022.Does "low-carbon city" accelerate urban innovation? evidence from China[J].Sustainable cities and society，83：103954.

# 思考题参考答案

## 第1章

**1. 绿色街区的起源是什么？其与绿色城市、绿色建筑有什么联系？**

参考答案：麦克哈格到威廉·M·马什建立了一个"设计结合自然、设计如何结合自然"的系统研究框架，为中观层级绿色街区的研究奠定了坚实基础。绿色城市、绿色街区和绿色建筑是宏观、中观和微观不同层级尺度上的人居生态研究的应用。绿色街区规划设计，一方面承接了绿色城市和生态城市的理论基础，并将其运用在街道尺度上；另一方面，集中关注建筑外部环境，旨在创造更加绿色舒适的城市室外空间。

**2. 随着绿色生态时代的来临，构建绿色街区规划设计体系的意义有哪些？**

参考答案：进入城镇化后期，城市建设及更新改造多从街区层面展开，建立不同时空条件下街区的绿色规划设计框架，能够补充完善宏观、中观、微观层次的绿色规划设计体系。绿色街区具有一定的实效性和可控性，可以根据街区的具体情况，制定针对性较强的规划策略，提出具有实效性的绿色街区城市设计策略和方法，落实具体、可控的低碳目标，建立简洁高效的街区绿色管理机制，促进绿色城市的实际建设效果。因此，绿色街区城市设计的研究对于我国转型期的低碳城市建设具有深刻的现实意义，有助于为低碳城市的系统研究和深入研究奠定基础，为规划设计部门、城市建设者和管理者提供解决问题的技术方法。

## 第2章

**1. 绿色街区规划设计的概念是什么？**

参考答案：绿色街区规划设计是以生态学为理论基础，以生态城市建设为实践载体，综合研究规划、建筑、生物、物理等学科和信息、节能、环保等技术，体现绿色、生态、人文理念的街区层级的城市设计。绿色街区城市设计作为生态城市设计的核心组成部分，在城市、街区、建筑三个层级中起着重要的桥梁作用。

**2. 试述绿色城市、绿色街区和绿色建筑的关系。**

参考答案：完整的"绿色城市设计"应包括绿色城市、绿色街区、绿色建筑三个层级，分别对应生态研究的宏观、中观和微观层面。街区是有明确物质边界、特色相异和功能经济相关联的区域，不仅包括由城市街道或自然人工边界隔离的单个街块，还涵盖在空间上紧邻、功能上互相关联、且具有相似社会和空间特点的多个街区构成的系统。街区在城市、街区和建筑三个层级中扮演"桥梁"的重要角色，作为城市的基本单元和人们日常生活的核心空间，同时也构成了低碳文化和居民生活的基础，通过对不同生态和空间环境要素的街区进行研究，制定绿色政策和策略实现街区层面的生态设计，减少和修复城市发展过程中人类活动对自然的影响，着力发展资源和能源的高效利用技术，以保障城市的经济、社会和文化活力与自然生态的平衡，最终实现城市层级的"绿色发展"。

## 第3章

**1. 绿色街区的规划策略应该考虑哪些方面？**

参考答案：包括生态、空间、文化、产业共四大策略，生态策略内包含气候调节策略、能源优化策略、绿地改善策略；空间策略内包含土地优化策略、道路提升策略、空间提升策略；文化策略内包含以人为本策略、可持续发展策略；产业策略包含构建现代化产业体系、提升产业发展质量策略。

**2. 你有哪些熟悉的国外绿色街区的规划改造案例？**

参考答案：哈马碧生态城。哈马碧（Hammarby）生态城是瑞典首都斯德哥尔摩市最大的市政建设项目之一，项目位于斯德哥尔摩市区东南部，离市中心的老城保护区Gamla stan岛约4.5km。哈马碧生态城在建设过程中采取了多样的可持续发展措施，是世界公认的城市可持续发展突出案例。建设之前，哈马碧曾是一处破旧的老工业仓库用地，四周凌乱不堪，污染严重。当时混乱的社会局势导致这片土地缺乏管理和规划，变成了棚户区，也造成了哈马碧城低效的土地利用模式。规划建设后，哈马碧生态城采用绿色建筑设计，同时不断向居民宣传环保理念及实践经验。不仅在绿化系统和滨水地区的设计上，还从功能上实现了废弃物、水、能源之间的循环利用。

# 第4章

**1. 空间形态分析技术中，空间句法如何帮助理解和评价城市或建筑的空间构型？请举例说明其在实际项目中的应用。**

参考答案：空间句法通过量化空间组构的变量，帮助我们深入理解城市或建筑的空间构型。它能够揭示空间之间的拓扑关系、连接性和可达性，从而评价空间的整体性能和局部特征。在实际项目中，空间句法可以应用于城市街道网络的优化，通过分析街道的连接性和步行可达性，提升城市的交通效率和步行友好性。此外，可用于建筑内部空间布局设计，优化空间流线，提高空间使用效率。

**2. 环境模拟分析技术中，风、光、声、热四种环境模拟技术各有什么特点和适用场景？在实际应用中，如何综合考虑这四种环境模拟结果以优化设计方案？**

参考答案：风、光、声、热四种环境模拟技术各具特点，适用于不同的场景。风模拟技术可以预测建筑物周围的风速和风向，对于优化通风设计和减少风害至关重要。光模拟技术可以模拟日光和人工光源的照射效果，有助于优化建筑采光和节能设计。声模拟技术可以评估建筑物内外的噪声水平，指导噪声控制和声学设计。热模拟技术则能够预测建筑物的温度分布和热舒适度，为建筑保温和空调系统设计提供依据。在实际应用中，需要综合考虑这四种环境模拟结果，通过权衡不同环境因素的影响，找到最优设计方案，以满足舒适、节能和可持续的要求。

**3. 地理信息系统技术中的多维地理信息系统技术、集成建筑信息模型的地理信息技术以及综合遥感和空间定位的空间信息技术，在城市规划与建设中分别扮演怎样的角色？它们之间如何协同工作以提高规划决策的科学性和准确性？**

参考答案：地理信息系统技术中的多维地理信息系统、集成建筑信息模型的地理信息以及综合遥感和空间定位的空间信息技术在城市规划与建设中各具功能。多维地理信息系统直观展示城市空间结构和动态，为规划决策提供可视化辅助。集成建筑信息模型的地理信息实现建筑信息数字化，提升规划设计的精确与效率。综合遥感和空间定位的空间信息技术提供实时空间数据与动态监测，助力规划实施的问题发现与解决。这些技术协同工作，形成了强大的规划支持系统，增强了规划决策的科学性和准确性，推动城市可持续规划与建设。

## 第5章

**1. 可再生能源技术都有哪些？各自的优点和缺点如何？**

参考答案：可再生能源技术主要包含太阳能、风能、地热能、水力发电、生物质能源、潮汐能和氢能源等技术。太阳能技术：太阳能分布广泛，电池板的成本逐渐降低，技术不断进步，但存在日夜和天气变化影响太阳能发电效率，需要大量空地或屋顶空间来安装太阳能板，并能够存储和转换太阳能的设备成本高。风能发电风力资源丰富，分布广泛，适合在海岸线和高原等地区，且开发技术成熟，投资回报周期较短。但风速不稳定，风能发电的可靠性受季节和地点的影响，且设备的制造和安装成本较高。地热能发电不受气候变化和季节影响，热能资源丰富，可以实现稳定供应。地热资源集中分布在地热带，不适用于所有地区，需要大量资金用于地热井开发和地热发电站建设，地热开发可能会引发地质灾害。水力发电优点为水力资源丰富，可靠性高，发电稳定，且水力发电站具有较长的寿命和较低的运营成本，但水力发电站的建设成本较高，需要长期回收投资水坝建设；其次可能会导致生态破坏和生物多样性丧失。生物质能源发电具有可再生，来源广泛，可利用农作物残余物、木材、废弃物等优点，但存在生产和利用过程中可能会产生空气污染、土壤污染和资源有限等问题，过度开发可能导致生态系统恶化和土地荒漠化以及成本较高等问题。

**2. 试述绿色建筑技术及评价体系。**

参考答案：第一，保温隔热技术。常见技术为外墙内保温技术、外墙外保温技术、内外混合保温技术和自保温技术。第二，零碳建筑。第三，绿色建筑评价体系。标准体系的指标内容主要包括水资源质量、场地设计、能源与环境、室内环境质量等。

**3. 人工湿地包含哪些类型？简述其各自的优缺点和适宜环境。**

参考答案：根据水流方式的差异，人工湿地可分为表面流人工湿地和潜流型人工湿地。表面流人工湿地具有建造简单，投资较低等优点，但其占地面积大、易产生蚊蝇、受温度影响，适宜建造在对水质净化效率要求不高的区域。潜流型人工湿地又可分为水平潜流型和垂直潜流型人工湿地。水平潜流型人工湿地面积相对较小、污染物去除能力较强；垂直潜流型人工湿地地硝化作用较强，可有效去除氮磷等元素，具有较强地稳定性和抗冲击力。潜流型人工湿地适宜建造在对水质净化效率要求较高的区域。

## 第6章

**1. 在绿色街区规划设计中，为什么要注重社区参与和共建？社区参与如何促进绿色街区的可持续发展？**

参考答案：社区参与和共建可以增强居民对绿色街区的归属感和责任感，促进社区自治和共同发展。通过居民参与规划决策、共同维护绿色环境等方式，可以实现社区共建，提升绿色街区的管理效率和可持续性。

**2. 绿色街区规划设计中提到了哪些措施可以提高居民的生活质量和幸福感？这些措施如何与绿色建筑和景观设计相互关联？**

参考答案：提高居民生活质量和幸福感的措施包括提供优质的公共服务设施、打造宜居的社区环境、促进社区文化活动等。这些措施与绿色建筑和景观设计相互关联，共同营造宜居、健康的居住环境。

**3. 在绿色街区的交通规划中，为什么要推广绿色出行方式？绿色出行方式对城市环境和居民健康有何益处？**

参考答案：推广绿色出行方式如步行、骑行、公共交通等是为了减少环境污染、降低能源消耗、提高居民健康水平，并缓解城市交通拥堵。绿色出行方式对城市环境有益，是实现城市可持续发展的关键策略，其减少了污染和温室气体排放，改善了空气质量，减少了交通事故发生率；对居民健康有益，步行和骑行等绿色出行方式能够锻炼居民身体，提高其身体素质，预防多种慢性疾病，减少汽车使用也有助于减少噪声和空气污染，提高居民生活质量。

**4. 绿色街区规划设计中如何考虑社会经济效益和生态效益的平衡？这种平衡对于绿色街区的可持续发展有何重要性？**

参考答案：在绿色街区规划设计中，平衡社会经济效益和生态效益主要通过以下几个策略实现：①采用生态原则保护和修复自然生态系统，提供良好的生态功能；②高效利用原则合理规划和利用资源，提高能源、水资源和土地的利用效率；③通过微气候原则改善城市的微气候环境，减少热岛效应；④社区原则注重社区居民的需求和参与，创造社区共享空间和邻里互动的机会。这种平衡对于绿色街区的可持续发展至关重要，因为它不仅能够提升居民的生活质量，促进社会和谐，还能减少环境污染，提高能源效率，从而实现环境、经济和社会的和谐共生，推动城市的长期可持续发展。

**5. 在绿色街区规划设计中，如何利用现代科技手段（如智能化系统、大数据分析等）来提升绿色街区的管理效率和环境友好性？**

参考答案：利用现代科技手段可以提升绿色街区的管理效率和环境友好性，如智能化系统可以实现能源管理、垃圾分类、智能交通等功能，大数据分析可以帮助监测环境指标、优化资源配置，提升绿色街区的智能化水平和可持续性。